BIBLIOTHÈQUE

DE LA

JEUNESSE CHRÉTIENNE

APPROUVÉE

PAR Mgr L'ARCHEVÊQUE DE TOURS

2ᵉ SÉRIE IN-8°

Appareil de télégraphie électrique.

LE
FEU DU CIEL

HISTOIRE
DE L'ÉLECTRICITÉ
ET DE SES PRINCIPALES APPLICATIONS

IDÉES DES ANCIENS — PREMIÈRES OBSERVATIONS
— MACHINE ÉLECTRIQUE — BOUTEILLE DE LEYDE — PARATONNERRE —
PHÉNOMÈNES NATURELS — ÉCLAIRS, TONNERRE, ETC.
— GALVANISME — PILE DE VOLTA — TÉLÉGRAPHIE ÉLECTRIQUE —
GALVANOPLASTIE — LUMIÈRE ÉLECTRIQUE

PAR ARTHUR MANGIN

DEUXIÈME ÉDITION

TOURS
Aᴅ MAME ET Cⁱᵉ, IMPRIMEURS-LIBRAIRES

M DCCC LXIII

LE

FEU DU CIEL

——∞≻⊙≺∞——

CHAPITRE I

Incapacité et dédain des anciens pour les sciences. — Leurs idées sur les causes de la foudre (Lucrèce, Anaximène, Sénèque, Pline le Jeune); sur les propriétés attractives du succin ou ambre jaune et de l'aimant (Thalès, Théophraste, Pline); sur la puissance électrique de la torpille, etc. — Moyens dont ils se servaient pour conjurer ou pour imiter les effets de la foudre (Prométhée, Salmonée, Zoroastre, Numa Pompilius, Aruns, Tarchon, les Parthes et les Gaulois). — Le tonnerre solidifié et la foudre en bouteille. — Idées reçues au moyen âge et dans les temps modernes sur la foudre. — Les paratonnerres du pape Silvestre II. — Théories de Descartes, de Boerhaave, de Baron, du P. Cotte.

Lorsqu'on étudie l'histoire des découvertes scientifiques, et que pour rencontrer leur origine, si souvent perdue, comme les sources du Nil, dans des régions inaccessibles, on remonte l'échelle des siècles, on ne peut se défendre d'une sorte d'étonnement pénible en voyant combien les grandes civilisations anciennes sont défectueuses sous ce rapport.

C'est une lacune presque complète dans le développement intellectuel de ces peuples qui nous ont légué d'ailleurs, en fait d'institutions politiques, d'œuvres philosophiques, littéraires et artistiques, des monuments si dignes de notre envie et de notre admiration. On peut

1

dire que les sciences et l'industrie telles que nous les en-
tendons aujourd'hui n'ont existé chez aucun d'eux.

Au milieu de cette phalange nombreuse de grands
princes, de sages législateurs, de capitaines, de penseurs,
d'orateurs, de poëtes, d'historiens, dont les noms res-
plendissent d'un éclat immortel, on aurait grand'peine à
trouver çà et là quelques hommes qui aient cultivé les
sciences avec cette persévérance austère, cette curiosité
pénétrante et cette activité d'esprit qu'inspire le désir réel
de connaître ; et l'on cherche plus vainement encore des
résultats acquis, consignés et classés par le nombre imperceptible de ceux qui s'avisèrent d'interroger la nature.

Quels feuillets de ce grand livre ont-ils déchiffrés ? Quels
problèmes ont-ils résolus, ou seulement posés d'une manière précise ? Quelles grandes questions soulevées et
élucidées ? Quels enseignements pratiques tirés de leurs
longues excursions dans le domaine des idées ? Quelle voie
tracée à ceux qui devaient venir après eux ?

En d'autres termes, quelle est la science que les modernes n'aient pas créée de toutes pièces, et dont l'antiquité leur ait seulement préparé les matériaux et fourni
les principes les plus élémentaires ? L'arithmétique, dira-
t-on, la géométrie. Il est vrai ; on y peut même ajouter
quelques parties de la physique : celles qui directement
se rattachent aux sciences exactes ; mais non l'astronomie,
quoi qu'on ait dit de la prétendue science des Chaldéens,
science purement contemplative, qui consistait unique-
ment à regarder le ciel et à noter la place qu'y occupent
les astres et les constellations à chaque époque du mois ou
de l'année. On verra tout à l'heure à quoi il faut attribuer
cette préférence exclusive des anciens pour les sciences
abstraites, les seules qui aient trouvé grâce devant eux.
Dans les sciences d'observation et d'expérimentation, tout
se borne à des traditions presque toutes fabuleuses, à des
hypothèses erronées, à des pratiques superstitieuses, le

plus souvent atroces, impures ou ridicules : magie, sorcellerie, incantations, préparation des drogues et des
poisons, etc. Quant à l'industrie, elle est livrée au hasard
de l'empirisme et des tâtonnements, et abandonnée aux
esclaves, aux affranchis et aux gens du peuple.

On a mis en avant les grandes connaissances et l'habileté
singulière des Chinois, des Phéniciens, des Égyptiens, dans
l'art de transformer et d'approprier à leurs besoins les
productions de la nature. Mais on sait aujourd'hui ce qu'il
en est de la civilisation, de l'industrie et des arts dans le
Céleste Empire. S'il est un pays au monde où le mot progrès soit un non-sens, c'est assurément sur cette terre
classique de la routine et de l'immobilisme, où toute innovation est réputée crime, où tout perfectionnement est
considéré comme attentat à l'inviolabilité des usages con-
sacrés par le temps, où toute invention, toute idée de
quelque ordre que ce soit, venue du dehors, est repoussée avec terreur comme un fléau. Oui, les nations occidentales étaient encore plongées dans les limbes de la
barbarie, que déjà les Chinois possédaient l'imprimerie
et la poudre à canon; ils savaient cultiver et tisser la soie
et le coton, fabriquer la porcelaine, préparer et appliquer
des couleurs et des teintures dont, à l'heure qu'il est,
nous cherchons encore vainement à égaler l'éclat. Mais à
nous, peuples nés d'hier, quelques siècles ont suffi pour
les dépasser, et en pénétrant dans leur pays, Dieu sait au
prix de quels obstacles et de quels périls, nos mission-
naires, nos marchands et nos marins les ont trouvés plus
endurcis dans l'ignorance, la superstition, l'esclavage et
la cruauté que les peuplades qui ne connurent jamais ni
industrie ni civilisation.

Les Phéniciens comme les Chinois, cela est aujour-
d'hui bien démontré, ne possédaient que des procédés dus
au hasard ou à de longs essais, nullement raisonnés et
n'ayant absolument rien de commun avec les nôtres, qui

sont tous des applications logiques et progressives des
enseignements de la science; ils avaient, en un mot, de
la pratique sans aucune théorie.

Parlerai-je de la science mystérieuse des prêtres égyp·
tiens? Il est facile sans doute d'en vanter les merveilles ;
et nul ne peut y contredire, par la raison que tout con-
trôle sérieux nous est interdit. Mais quoi! point de
livres! Des amas de pierres gigantesques, il est vrai, mais
informes, et d'une architecture tout à fait élémentaire;
des figures colossales grossièrement taillées dans le roc;
des momies conservées à l'aide du bitume, — et quelle conservation! — des hiéroglyphes enfin, c'est-à-dire des caractères symboliques et incompréhensibles gravés sur des
monolithes : voilà tout ce qu'ont su imaginer et réaliser
ces prêtres fameux! En vérité, c'était bien la peine d'être
savants pour arriver à de pareils résultats!

Que les Hébreux aient eu peu d'industrie et point de
science, il n'y a lieu ni de s'en étonner ni de le leur
reprocher. Leur mission était autre et toute spiri-
tuelle. Les loisirs d'ailleurs manquèrent à ce malheureux
peuple, déchiré par des révolutions intestines, presque
toujours en guerre avec ses voisins; souvent opprimé,
réduit en captivité, jamais paisible ni sûr de son lendemain, finalement asservi, dénationalisé, dispersé sans
retour.

Rien de semblable ne peut être allégué en faveur des
Grecs et des Romains, et il ne faut pas chercher ailleurs
que dans leur orgueil la cause de leur éloignement pour
les sciences expérimentales et leurs applications. En
dehors de la philosophie, de la poésie, de la politique,
des luttes du forum et des disputes d'école, aucune étude
ne leur semblait digne d'occuper leur intelligence. Fort
adonnés aux plaisirs des sens, avides de bien-être et de
luxe, ils se seraient crus déshonorés si quelque chose de
tout cela leur fût venu d'eux-mêmes. L'agriculture, cette

nourrice des peuples, si justement honorée et encouragée de notre temps; les arts que nous appelons utiles, et qu'ils appelaient serviles; les arts mêmes que nous appelons libéraux, tels que la musique, l'architecture, la sculpture, la peinture; enfin la médecine et la pharmacie, ils en laissaient dédaigneusement la pratique à des affranchis, à des esclaves, à des barbares, à des gens de la plus basse condition. Les grands personnages de Rome, et à leur exemple ceux des nations soumises ou tributaires, avaient à leur service des médecins, des architectes, des décorateurs, qu'ils mettaient au même rang que leurs joueurs de flûte, leurs mimes et leurs danseuses, et qui étaient leurs esclaves, tout au plus leurs affranchis ou leurs clients. A peine les personnalités artistiques les plus éminentes purent-elles échapper de leur temps au mépris qui atteignait le *travail* sous toutes ses formes, et dans la suite à l'oubli, conséquence nécessaire de ce mépris inique.

Les hommes de science dont les noms sont venus jusqu'à nous sont aussi en bien petit nombre; encore la plupart étaient-ils des philosophes, des métaphysiciens plutôt que des savants. Quelques-uns furent, on ne le peut nier, de grands mathématiciens. On a nommé Pythagore et Euclyde. C'est que l'étude des nombres, le calcul des grandeurs, appartiennent à cet ordre de spéculations abstraites auxquelles le génie de l'homme pouvait, dans les idées des anciens, s'appliquer sans déchoir de sa dignité. Quelques-uns encore : Architas de Tarente, Héron d'Alexandrie, Archimède enfin, le plus grand et peut-être le seul physicien de l'antiquité, inventèrent d'ingénieux appareils, découvrirent des lois importantes. Mais ce sont là des exceptions. Ajoutons à ces noms célèbres ceux justement illustres d'Hippocrate, l'immortel créateur de la médecine; d'Aristote, une des plus vastes intelligences dont l'humanité puisse se glorifier; de Strabon, géographe et naturaliste ; de Pline l'Ancien, naïf et patient compilateur de tous les contes qui avaient cours de son temps sur les animaux réels ou fabuleux : et nous aurons évoqué l'élite des savants de l'antiquité; nous aurons réuni dans le panthéon de l'histoire un petit groupe d'hommes éminents, dignes assurément de notre admiration, mais dont le génie, frappé de stérilité par l'influence du milieu au sein duquel ils vécurent, ne put rien créer que d'incomplet, et ne jeta, pour ainsi dire, que des éclairs illuminant çà et là des ténèbres profondes qu'il ne leur était point réservé de dissiper.

L'histoire de l'électricité nous offre l'exemple le plus frappant du peu d'aptitude des anciens pour l'observation raisonnée des choses de la nature.

De tous les phénomènes par lesquels se manifestent les forces secrètes dont l'action permanente constitue ce qu'on peut appeler la vie du monde matériel, il n'en est pas de plus imposant que l'orage, de mieux fait pour impressionner vivement les sens et l'imagination de l'homme. Ce ciel, obscurci par des nuages épais et sombres qui s'étendent sur la terre comme un voile funèbre, lui dérobent la clarté du soleil, et semblent prêts à l'ensevelir sous leur masse ténébreuse ; ce malaise indéfinissable qui s'appesantit sur tous les êtres et les accable comme un vague pressentiment de malheurs ; ce calme sombre et morne auquel succède tout à coup la violente agitation des éléments déchaînés ; ces rafales de vent qui soulèvent des tourbillons de poussière, sifflent et mugissent lamentablement dans les cimes des arbres, et font onduler comme une mer houleuse les épis jaunes des champs, les roseaux grisâtres des marais, ou les hautes herbes des prairies; cette pluie qui tombe, d'abord en larges gouttes isolées, puis à flots pressés, submergeant les campagnes et transformant en torrents fangeux et dévastateurs les ruisseaux tout à l'heure limpides et riants ; plus que tout

cela, ces jets de lumière qui serpentent sur le fond noir
du ciel en sillons bleuâtres, éblouissants et livides, ou,
s'élançant du sein des nuages vers la terre, réduisent les
arbres en poudre, portent dans les habitations un inex-
tinguible incendie et frappent de mort les hommes et les
animaux ; enfin ce bruit du tonnerre, bruit formidable,
unique, auquel nul autre ne peut être comparé : tout
cet ensemble majestueux et terrible, sublime et sinistre à
la fois, qu'aucune description ne saurait rendre, et dont
il est impossible à qui n'y a pas assisté de se former une
idée, dut inspirer aux premières peuplades qui en furent
témoins un mélange inexprimable d'étonnement, d'inquiétude, d'admiration et d'horreur. Aussi conçoit-on
qu'en présence d'un pareil spectacle des hommes primi-
tifs n'aient eu d'autre pensée que de se prosterner la face
contre terre, et d'adorer en tremblant la puissance invi-
sible dont la main gouverne toutes les choses ; qu'ils
n'aient vu dans ce phénomène effrayant qu'un signe de
la colère divine.

Mais on a lieu de s'étonner que parmi des nations par-
venues à un degré avancé de civilisation et de culture
intellectuelle, habituées à tout examiner, à tout discuter,
à soumettre même à la critique de leur raison téméraire
des questions que jamais sans doute il ne sera donné à
l'homme de résoudre ; parmi ces sophistes, ces rhéteurs,
ces idéologues de la Grèce et de Rome, dont l'audace arra-
chait au poëte Horace ce cri d'effroi :

> Nil mortalibus arduum est;
> Cœlum ipsum petimus stultitia !...

nul, pendant plusieurs siècles, ne se soit avisé de re-
chercher sérieusement les causes immédiates des orages,
des éclairs et du tonnerre ! Il eût fallu pour cela observer,
expérimenter, comparer, s'enquérir des autres causes
susceptibles de produire des effets analogues ; et il paraît

démontré qu'un tel emploi de leurs facultés et de leur temps répugnait profondément aux meilleurs esprits de l'antiquité. Nous ne leur ferons certes pas l'injure de croire que la fable de Vulcain forgeant dans ses cavernes de l'Etna les foudres dont Jupiter se réservait l'usage exclusif comme un privilége afférant à sa majesté, parût à aucun d'eux une explication satisfaisante. Cette croyance toutefois était assez généralement répandue et enracinée pour que Lucrèce, dans son poëme *De rerum natura,* n'ait pas dédaigné de la réfuter, en alléguant que si les dieux lançaient en effet la foudre de leurs propres mains, on n'eût pas vu si souvent leurs temples, leurs statues et leurs autels endommagés ou détruits par le feu du ciel. Mais cette réfutation ne pouvait s'adresser qu'au vulgaire ignorant et superstitieux. Les gens éclairés pensaient bien que les orages, et les phénomènes qui les accompagnent, étaient produits par une certaine action des éléments les uns sur les autres, et quelques philosophes même hasardèrent sur ce sujet des hypothèses dont leur imagination fit seule les frais et qu'ils ne se donnèrent nullement la peine de vérifier.

Anaximène, par exemple, disait simplement que l'air pouvait se changer en feu. Comment et dans quelles circonstances s'opérait ce changement? Il n'en savait rien et se souciait peu de le savoir. Selon d'autres, la foudre était due à l'inflammation spontanée des émanations terrestres et des vapeurs tenues en suspension dans l'atmosphère. (Nous verrons bientôt cette opinion reparaître et prendre faveur parmi les savants à une époque beaucoup plus rapprochée de nous.) Sénèque, dans ses *Questions naturelles,* émet aussi en termes très-vagues une théorie qui fut reproduite par Descartes lui-même et par d'autres physiciens modernes, avec quelques modifications et amplifications de peu d'importance. « La foudre est du feu, dit le célèbre philosophe romain... le feu s'engendre dans l'atmosphère comme sur la terre, par le frottement et par le choc des corps, etc. »

On doit cependant, il faut le reconnaître, à Sénèque et à quelques autres auteurs anciens, notamment à Lucrèce, à Pline l'Ancien, à Pline le Jeune, à Virgile même, des descriptions très-exactes des effets de l'électricité atmosphérique ; mais ces descriptions sont mêlées trop souvent à des récits au moins invraisemblables, et à d'autres évidemment faux ; en sorte qu'il est fort difficile d'y démêler l'erreur de la vérité ; des explications, il ne faut point leur en demander. Sur les phénomènes ordinaires tels que les éclairs et le tonnerre, ils s'en tiennent à des hypothèses de fantaisie ; et, quant aux phénomènes qui ne se produisent que rarement, on n'y voyait autre chose que des prodiges par lesquels les dieux voulaient annoncer quelque grand événement heureux ou malheureux : la victoire ou la défaite d'une armée, la mort d'un grand homme ou la chute d'un empire. C'est ainsi, par exemple, qu'on expliquait l'apparition de ces langues de feu qui parfois s'attachent au sommet des mâts de navire ou des édifices terminés en flèche, à la pointe des lances des soldats, et qui sont bien connues des marins sous le nom de *feux Saint-Elme*.

Pline prenait ces feux pour des étoiles. « Il existe aussi, dit-il, des étoiles sur terre et sur mer. J'ai vu des feux de cette forme s'attacher aux piques de soldats qui étaient en sentinelle la nuit sur des remparts ; j'en ai vu sur les vergues et sur d'autres parties des navires, qui rendaient un son comme celui d'une voix, et changeaient de place ainsi que des oiseaux. Deux de ces flammes sont de bon augure et prédisent aux marins un heureux voyage, et l'on prétend qu'elles mettent en fuite une autre lumière funeste et menaçante, qui apparaît seule et qu'on nomme Hélène. Les premières sont appelées Castor et Pollux, et les marins invoquent ces deux divinités. Ces lumières brillent aussi quelquefois le soir sur la tête des hommes, et présagent alors de grandes choses. Mais, ajoute le célèbre naturaliste romain, la raison de ces phénomènes est incertaine et cachée dans la majesté de la nature (*incerta ratione et in naturæ majestate abdita*) (1).

Senèque (2), Plutarque (3), Procope (4), rapportent de nombreux exemples de faits semblables, et sont d'accord pour leur assigner une origine surnaturelle, pour les ranger au nombre des prodiges.

Voilà pour l'électricité atmosphérique. Passons maintenant à un autre ordre de phénomènes.

La propriété que possède le *succin* ou *ambre jaune*, lorsqu'il vient d'être frotté sur du drap ou sur toute autre substance analogue, d'attirer les corps légers : brins de paille, barbes de plume, etc., n'était point inconnue des anciens; mais ils étaient bien loin de soupçonner que cette particularité, capable tout au plus d'amuser les enfants, eût rien de commun avec de grands et merveilleux phénomènes tels que les éclairs, le tonnerre et les feux nocturnes dont nous venons de parler; s'ils ne voyaient pas là aussi un prodige, c'est que cette force, qui agissait sur des fétus, ne leur paraissait pas digne d'être attribuée à une intervention spéciale des dieux. Elle ne laissait pourtant pas de les intriguer, et quelques-uns essayèrent de s'en rendre compte. Mais ici encore il y a lieu d'admirer avec quelle facilité les théories les plus irrationnelles et les plus puériles étaient acceptées même par des esprits d'ailleurs éminents, et fort exigeants en fait de démonstrations philosophiques.

Selon Thalès de Milet, qui vivait six cents ans avant

(1) Pline, *Hist. natur.*, livre II.
(2) *Questions naturelles*, passim.
(3) *Vie de Lysandre.*
(4) *Hist. de la guerre contre les Vandales.*

Jésus-Christ, le succin *était doué d'une âme,* et attirait à soi, *comme par un souffle,* les corps légers.

Plus tard, Théophraste constatait simplement la propriété attractive de l'ambre jaune, s'abstenait d'en chercher la cause, et signalait comme douées de la même vertu quelques autres pierres précieuses, notamment une qu'il appelait *lyncurium* et qu'on croit être la tourmaline. Au temps de Pline, on ne savait rien de plus : aucune observation n'avait été ajoutée à celle de Théophraste, et l'explication de Thalès n'avait point trouvé de contradicteurs. Pline lui-même y fait cette seule correction, que le frottement est nécessaire pour donner au succin *la chaleur et la vie.*

Nul doute que si l'on demandait au sauvage le plus ignorant et le plus abruti son avis sur le phénomène dont il s'agit, ce sauvage, après cinq minutes de réflexion, l'expliquerait d'une manière tout aussi ingénieuse. On sait que tout sauvage à qui l'on présente une montre ne manque pas d'attribuer à *un esprit* le mouvement régulier et spontané des rouages.

Les anciens connaissaient aussi l'attraction qu'exerce sur le fer la pierre d'aimant, qui est un oxyde du même métal, et qu'ils appelaient *magnes,* du nom, à ce qu'on croit, de la ville de Magnésie, aux environs de laquelle on l'avait découverte; mais l'idée ne leur vint pas d'établir un rapprochement entre les propriétés de l'ambre et celles de l'aimant, ni de soumettre ces deux curieuses substances à des expériences comparatives. Ils se contentèrent de prêter à la seconde comme à la première une âme, un souffle de vie, d'en faire le sujet d'histoires merveilleuses, et de lui attribuer des vertus médicinales. qui la firent ranger par Hippocrate lui-même au nombre des purgatifs.

Enfin, ils n'ignoraient pas non plus le singulier moyen de défense dont la nature a pourvu certains poissons, la torpille, par exemple, assez commune dans la Méditerranée, et le silure habitant du Nil, en les armant d'un appareil électrique à l'aide duquel ils donnent par le simple contact des secousses assez violentes pour tuer les autres poissons dont ils font leur proie, et paralyser momentanément un homme ou un animal de grande taille. Il est impossible de méconnaître l'analogie de ces secousses avec celles que causent les décharges affaiblies des nuages fulgurants. Aristote, Pline, Strabon et d'autre auteurs anciens parlent de ces poissons qu'on pêchait fréquemment dans la mer et dans les grands fleuves, et dont la chair était fort estimée.

Donc pas plus qu'aux modernes les faits primordiaux ne leur manquaient pour servir de base, de point de départ à une théorie, à un essai de déduction, à un rudiment de science.

Mais ni les effets imposants de l'électricité atmosphérique, ni ceux de l'électricité développée dans les corps terrestres, ni la puissance foudroyante possédée par des animaux, ni enfin les singulières propriétés de la pierre d'aimant, n'eurent le pouvoir d'éveiller en eux l'esprit d'investigation, le désir de s'élever par l'observation et l'expérience à la connaissance des merveilleux secrets de la nature.

Il s'est pourtant trouvé des écrivains sérieux pour affirmer, non-seulement que les anciens en savaient, sur la physique, la chimie, l'histoire naturelle, beaucoup plus que nous ne croyons, mais que plusieurs des applications de ces sciences, réputées tout à fait modernes, leur étaient familières.

On est allé, par exemple, jusqu'à soutenir que, dès une époque très-reculée, des prêtres, des aruspices, des mages, des hommes, en un mot, initiés, croyait-on alors, aux mystères enseignés par les dieux, connaissaient l'art d'attirer ou d'éloigner à leur gré la foudre; d'où il résulterait que le paratonnerre serait une invention renouvelée des Romains, des Grecs ou des Assyriens.

Quelques passages obscurs, équivoques, empruntés à des poëtes, à des historiens, à des mythologues, et interprétés selon les besoins de la cause, sont invoqués à l'appui de cette thèse étrange, qui a été discutée, de points de vue différents, par M. Eusèbe Salverte, dans son livre sur les *Sciences occultes*; par M. la Boëssière, dans un mémoire sur les connaissances des anciens dans l'art d'évoquer et d'absorber la foudre, lu en 1811 à l'académie du Gard et publié à Nîmes en 1822; par M. Arago, dans sa *notice sur le Tonnerre;* et par M. Louis Figuier, dans l'intéressant volume par lequel il a récemment complété sa belle histoire des découvertes scientifiques modernes. D'autres auteurs, notamment MM. Becquerel, dans leur résumé de l'histoire de l'électricité et du magnétisme, et M. le docteur Foissac, dans son *Traité de météorologie*, se sont bornés à consigner quelques faits plus au moins authentiques, et à reproduire, sans les accompagner d'aucun commentaire, quelques passages des auteurs anciens qui font allusion à ces prétendues connaissances.

Il n'est pas sans intérêt de passer en revue ceux de ces documents auxquels on a cru devoir accorder le plus d'importance.

S'il fallait en croire Servius, qui vivait sous Théodose le Jeune, et qui est estimé des érudits comme un bon commentateur de Virgile, ce serait à Prométhée que les premiers habitants de la terre seraient redevables du grand art de maîtriser la foudre, et ce serait là ce qu'il faudrait entendre par la fable bien connue dont ce personnage est le héros. On sait que, d'après la mythologie païenne, Prométhée avait dérobé le feu du ciel pour animer une créature de sa façon, et que Jupiter le punit de ce larcin téméraire en le livrant, enchaîné sur un rocher, à l'éternelle voracité d'un vautour. Or cela signifie, d'après Servius, que Prométhée découvrit et enseigna aux hommes le moyen de faire descendre à leur gré le feu du ciel. « Ce feu, ajoute-t-il, fut bienfaisant pour eux tant qu'ils en firent un usage légitime ; mais dans la suite, comme ils en mésusèrent, il leur devint funeste (1). »

D'autre part, un commentateur d'Homère, Eustathius, interprète d'une manière analogue la légende de Salmonée, qui voulut, dit-on, imiter le tonnerre en faisant rouler un char sur un pont d'airain et en lançant autour de lui des torches enflammées, et que Jupiter punit ce sacrilége en le foudroyant ; ce qu'Eustathius explique en faisant de Salmonée un expérimentateur hardi frappé de mort au milieu de ses essais pour imiter ou reproduire le terrible météore. Et M. Eusèbe Salverte lui-même ne trouve point absurde cette hypothèse, d'autant qu'en Élide, où régna Salmonée, il y avait un autel consacré à Jupiter, Καταβάτης, et qu'on a retrouvé en Syrie des médailles représentant ce dieu armé de la foudre, et portant pour exergue son nom avec la même épithète. Or il est bien vrai que καταβάτης est dérivé de καταβαίνω, qui signifie littéralement *descendre :* d'où M. Salverte a conclu que cet adjectif exprimait nettement la descente de la foudre, attribut essentiel du maître des dieux. Cela est probable, en effet ; nous ferons observer toutefois que le mot καταβάτης est ordinairement employé par les auteurs grecs comme substantif, et désigne un guerrier armé de manière à pouvoir combattre également sur un char et à pied, c'est-à-dire, descendre à volonté de son char, et que le terme dont les Grecs se servaient pour indiquer la faculté ou la propriété de descendre du ciel, comme la

---

(1) Deprehendit præterea rationem eliciendorum fulminum, et hominibus indicavit ; unde cœlestem ignem dicitur esse furatus : nam quadam arte ab eodem monstrata supernus ignis eliciebatur, qui mortalibus profuit donec eo bene usi sunt : nam postea malo hominum usu in perniciem eorum eversi sunt. (Servius *in Virgil. Eclog. VI.*)

foudre notamment, est καταϐάσιος. Il semble donc que si les adorateurs de Jupiter eussent voulu faire allusion à la chute du tonnerre, ils eussent pris le second mot de préférence au premier.

Mais laissons les disputes de mots, et admettons l'interprétation de M. Eusèbe Salverte. Que prouve-t-elle? Que dans certaines parties de la Grèce et de l'Asie on rendait un culte spécial à Jupiter pour le prier de laisser autant que possible dormir son tonnerre, et par conséquent qu'on ne possédait aucun moyen *humain* de s'en préserver. Conclusion rigoureuse et diamétralement opposée à celle du savant écrivain.

Zoroastre et ses disciples sont aussi du nombre des personnages célèbres de l'antiquité que M. Eusèbe Salverte suppose avoir connu l'art, non point d'écarter la foudre, mais, au contraire, d'en provoquer à volonté l'explosion entre les nuages et la terre. On sait que Zoroastre fut l'instituteur et le grand pontife du culte des mages, lequel reconnaissait, sinon pour divinité, au moins pour émanation essentielle de la Divinité, le feu. Il était donc tout naturel qu'il s'attribuât le privilége de faire descendre le feu du ciel sur les autels, et qu'il employât certains prestiges pour faire croire à ses disciples qu'il le possédait réellement; mais c'étaient là des impostures familières à tous les faux prophètes du paganisme, et qui ne prouvent absolument rien en faveur de leur science réelle. La tradition ajoute que Zoroastre, assiégé dans sa capitale par Ninus, se fit volontairement foudroyer, et se donna ainsi la mort pour ne pas tomber au pouvoir du vainqueur. La tradition romaine raconte aussi que le fondateur de la Ville éternelle fut enlevé au ciel pendant un orage, et termina ainsi sa carrière mortelle pour entrer dans le cénacle des dieux. Pourquoi ne pas induire de là que Romulus savait diriger le tonnerre, ou qu'il possédait l'art de s'élever en l'air?

Mais il n'y a pas loin de Romulus à son successeur Numa Pompilius; et sur la foi des récits merveilleux du vieil annaliste L. Pison, de Tite-Live, de Pline et du poëte Ovide, M. Figuier lui-même incline à croire que le second roi de Rome avait réellement appris des prêtres ou des savants étrusques l'art de conjurer la foudre et d'en prévenir les ravages, qu'il exerça toujours cet art avec succès, mais que Tullus Hostilius, qui régna après lui, ayant voulu répéter ses expériences, et s'y étant mal pris, fut foudroyé.

Ces prêtres étrusques étaient, au dire des chroniqueurs de l'antiquité, des électragogues consommés. La preuve la plus forte, ou du moins la plus spécieuse qu'on en ait donnée, est tirée d'un passage d'Ovide, bien souvent reproduit, qui est relatif à un certain Aruns :

> Fulminis edoctus motus, venasque calentes
> Fibrarum et monitus errantis in aera pennæ.

Ce qui signifie : « Très au fait des mouvements de la foudre, et habile à interroger les fibres palpitantes des victimes et le vol errant des oiseaux. » Dans une solennité religieuse, cet Aruns, d'après le récit du poëte, « rassemble les feux épars de la foudre et les enfouit sous terre avec un murmure plaintif. »

> . . . . . Aruns dispersos fulminis ignes
> Colligit et terra mœsto cum murmure condit.

Il le faut avouer, ce dernier vers semble une peinture saisissante de l'action du paratonnerre, soutirant aux nuages orageux leur fluide, amortissant leurs décharges, leur faisant faire, pour ainsi dire, *long feu*, et conduisant doucement l'électricité dans le réservoir commun, la terre. Malheureusement un vers latin dont les expressions s'adaptent par hasard à l'effet aujourd'hui bien connu des conducteurs électriques, ne peut être raisonnablement accepté comme démonstration suffisante d'un fait que ne confirment aucune relation sérieuse, aucun monument authentique. Tout au plus pourrait-on admettre qu'un hasard heureux ait révélé à quelque thaumaturge ce que nous appelons maintenant le pouvoir des pointes, et qu'un petit nombre d'initiés aient mis à profit cette circonstance pour agir plus vivement sur l'esprit du vulgaire. Mais on se demanderait encore, dans ce cas, comment il se fait qu'une semblable découverte n'ait produit aucun résultat dont les traces puissent être ressaisies ; que ce grand art n'ait pas même été appliqué à la préservation des temples et des édifices publics ; que, familier à des hommes encore plongés dans l'ignorance et la barbarie, il ait été inconnu aux peuples les plus avancés en civilisation ; qu'enfin on n'ait jamais trouvé ni dans les livres, ni sur les médailles, ni sur les monuments de ces peuples, le moindre mot, la moindre figure pouvant donner une idée des procédés et des appareils dont se seraient servis ces dompteurs du tonnerre pour maîtriser le redoutable météore.

En revanche, on sait parfaitement quels étaient, selon les préjugés des anciens, les moyens propres à garantir du tonnerre les personnes et les édifices. Pour leurs personnes, ils ne connaissaient rien de mieux que de se réfugier dans les caves, car ils étaient convaincus que la foudre ne pénétrait jamais à plus de cinq coudées de profondeur ; et le divin Auguste, à qui l'orage inspirait une frayeur invincible, ne manquait pas de chercher un asile dans son cellier chaque fois qu'il entendait au loin le grondement du tonnerre. Quant aux édifices, les Romains les croyaient garantis contre les traits enflammés de Jupiter, pourvu qu'ils fussent entourés de vignes blanches. Cet ingénieux préservatif était encore d'invention étrusque, et Columelle l'attribue à un magicien nommé Tarchon :

Utque Jóvis magni prohiberet fulmina Tarchon ,
Sæpe suas sedes percinxit vitibus albis (1).

Les lauriers passaient aussi pour n'être jamais atteints
par le feu du ciel, grâce sans doute à la protection d'A-
pollon *Hécatébolos*, à qui il était consacré. Enfin des gens
fort timorés à l'endroit du tonnerre cherchaient un abri
sous des tentes faites de peaux de phoque, le seul animal
marin, dit Pline, que la foudre ne frappe point (2).

Des superstitions analogues existaient chez les Hindous,
qui se croyaient parfaitement en sûreté dans leurs maisons lorsque des plantes grasses croissaient en abondance
sur le toit et le long des murs.

Les Parthes, plus farouches et plus braves, traitaient
les nuages orageux comme des ennemis personnels, et
leur décochaient des flèches; et, s'il faut en croire Halfergen, philosophe hermétique du moyen âge, cité par
M. Figuier, nos ancêtres les Gaulois, du temps de César,
pendant les orages, se couchaient près des rivières ou des
sources, allumaient des torches et plantaient en terre leurs
épées, la pointe dirigée vers le ciel. « Souvent, dit le naïf
écrivain, la foudre tombait sur la pointe de l'épée sans
faire de mal au guerrier, et s'écoulait innocemment dans
l'eau où, *après s'être liquéfiée, elle finissait par se solidifier
dans les temps de grande chaleur.* »

Que vous semble de la foudre passant d'abord à l'état
liquide, puis à l'état solide, sous l'influence d'une grande
chaleur? — Mais qu'est-ce, dira-t-on, que cette foudre
solidifiée? — Eh! mon Dieu, c'est de l'or; car l'or, dans
les idées des alchimistes, était du feu, de la lumière, du
soleil solidifié; et le même Halfergen enseignait sérieusement, d'après son maître Abraham de Gotha, lequel fut

(1) Colum., *De re rustica*, lib. X.
(2) ..... Quoniam hoc solum animal ex marinis non percutiat. (Plin.,
Hist. nat., lib. I, cap. LVI.)

pendu pour crime de sorcellerie, l'art *de mettre la foudre en bouteille* pour en faire de l'or !

Convenons toutefois que, de tous les moyens mis en œuvre parmi les anciens pour se préserver de la foudre, celui des Gaulois, bien que très-insuffisant, était encore le plus rationnel et celui qui supporte le mieux la comparaison avec le procédé moderne : ces longues épées plantées en terre la pointe en haut, auprès des cours d'eau, étaient presque de petits paratonnerres, incapables de neutraliser l'électricité des nuages, mais susceptibles d'attirer la décharge fulminante, tandis que le guerrier, couché à terre, avait peu de chance d'en être frappé.

Si les *lettres de Gerbert*, publiées il y a peu de temps par M. Barse (d'Aurillac), sont authentiques, ce savant moine qui vivait au xe siècle, et devint pape sous le nom de Sylvestre II, aurait inventé, dans les dernières années de sa vie, et lorsqu'il occupait le trône pontifical, une sorte de paratonnerre très-incomplet, il est vrai, mais réalisant déjà un progrès sur celui des Gaulois. Il faisait planter en terre, à l'approche des orages, de longues perches terminées par des pointes de fer très-aiguës. Il avait remarqué sans doute que le tonnerre atteignait de préférence les objets élevés, surtout lorsqu'ils étaient surmontés d'une pointe métallique. Or ce n'était pas là une observation de médiocre importance, et elle eût pu avancer de plusieurs siècles la naissance de la science électrique, si elle n'eût été un fait isolé, un de ces traits de lumière qui paraissent et disparaissent presque dans le même instant au milieu d'une nuit profonde.

Pour qu'un système quelconque de défense contre la foudre pût s'établir et se généraliser, il eût fallu qu'il reposât sur une théorie quelconque vraie ou fausse, dont on ne trouve point trace au xe siècle. Il surgit plus tard des hypothèses telles que les pouvaient imaginer des hommes qui ne soupçonnaient point l'existence du fluide électrique ; mais il était impossible d'en déduire aucune instruction relative au moyen d'écarter le feu du ciel.

Lorsque parut la poudre à canon, on ne manqua pas d'établir entre l'explosion produite par ce mélange et celle de la foudre une comparaison spécieuse ; mais de ce rapprochement à une explication tant soit peu raisonnée du phénomène il y avait loin. Descartes est parmi les philosophes chrétiens le premier qui ait essayé de donner une théorie des causes générales de la foudre. On devine bien que, sur cette question, son génie ne le préserva point de l'erreur. Sa théorie, en effet, n'est qu'une reproduction amplifiée de celle de Sénèque.

« Pour les orages, dit-il, qui sont accompagnés de
« tonnerres, d'éclairs, de tourbillons et de foudre, des-
« quels j'ai pu voir quelques exemples sur terre, je ne
« doute pas qu'ils ne soient causés de ce qu'y ayant
« plusieurs nues l'une sur l'autre, il arrive quelquefois
« que les hautes descendent tout à coup sur les plus
« basses, en même façon que je me souviens d'avoir vu
« autrefois dans les Alpes, environ le mois de mai, que
« les neiges étant échauffées et appesanties par le soleil,
« la moindre émotion de l'air était suffisante pour en
« faire tomber subitement de gros tas, qu'on nommait,
« ce me semble, des avalanches, et qui, retentissant
« dans les vallées, imitaient assez bien le bruit du ton-
« nerre. »

Pourquoi et comment les nuages d'un étage supérieur du ciel se précipitaient ainsi subitement sur ceux de l'étage inférieur, et pourquoi ceux-ci à leur tour ne se précipi- taient pas sur la terre, l'illustre philosophe de la Haye eût été fort embarrassé de le dire, et l'on s'étonne de voir ce grand esprit, si réservé, si sceptique même en fait de métaphysique et de psychologie, qu'il se crut obligé de se démontrer à lui-même sa propre existence, trancher avec tant d'assurance et si peu de logique un semblable problème dans une science dont il ne possédait pas le premier mot.

Après lui, le célèbre médecin hollandais Boerhaave exposa dans ses *Elementa chimica* une théorie non plus vraie, mais du moins plus originale et plus ingénieuse, que le chimiste Baron a résumée dans ses notes sur le *Cours de chimie* de Léméry, en l'adoptant sans réserve.

« Cet excellent physicien (Boerhaave), dit Baron, prouve
« d'une manière très-satisfaisante que les particules d'eau
« que le soleil a élevées en l'air, venant à se réunir plu-
« sieurs ensemble sous forme de nuées, composent des
« masses de glace qui réfléchissent la lumière du soleil
« par celle de leurs surfaces qui regarde cet astre, tandis
« que leur surface opposée éprouve un froid glacial. S'il
« arrive donc, comme cela peut se rencontrer souvent,
« que plusieurs nuées soient disposées les unes à l'égard
« des autres de façon qu'elles fassent l'effet de plusieurs
« miroirs concaves dont les foyers concourent dans un
« foyer commun, on comprend aisément que les rayons
« du soleil, ainsi réfléchis et rassemblés dans un même
« lieu, doivent produire une chaleur excessivement pro-
« digieuse. Le premier effet de cette chaleur sera de
« dilater considérablement l'air environnant, et de causer
« une espèce de vide dans l'espace renfermé entre les
« nuées ; mais bientôt après, ces mêmes nuées venant à
« changer de situation et les foyers se trouvant détruits,
« l'air, l'eau, la neige, la grêle, et généralement tout ce
« qui environne le vide dont nous avons parlé, mais
« surtout les grandes masses de glaces qui forment les
« nuées mêmes, fondent avec une impétuosité sans pa-
« reille les unes vers les autres, pour remplir le vide.
« L'énorme vitesse du mouvement par lequel toutes ces
« matières sont emportées occasionne un frottement si
« violent de toutes les parties les unes contre les autres,
« qu'il s'ensuit non-seulement un bruit éclatant et quel-

« quefois horrible, mais encore l'inflammation de toutes
« les exhalaisons sulfureuses, grasses et huileuses qui se
« trouvent dans le voisinage, et dont l'air est toujours
« chargé abondamment pendant les grandes chaleurs.
« Ainsi il n'est pas étonnant que le tonnerre soit presque
« toujours accompagné d'éclairs, etc. »

Malgré l'autorité du grand nom de Boerhaave, et bien
qu'ils ne fussent pas très-rigoureux sur le caractère rationnel des conceptions scientifiques, les physiciens de ce
temps-là trouvèrent que la première partie de cette théorie
dépassait un peu trop les limites de la vraisemblance. Ils
refusèrent de croire que les rayons solaires pussent se
projeter sur les nuages de glace sans les fondre, et que
ces masses amorphes et vagabondes pussent former,
comme le supposait Boerhaave, des miroirs à foyers con-
vergents en assez grand nombre et assez fréquemment
pour occasionner la multitude des orages, et dans chaque
orage les nombreuses explosions qui se manifestent journellement sur les divers points du globe. Mais, par une
inconséquence assez bizarre, ils ne firent nulle difficulté
d'admettre que ces explosions fussent causées par l'inflammation des vapeurs huileuses, sulfureuses et bitumineuses enfermées dans les nuages, et cette dernière partie
de la doctrine, modifiée suivant leurs idées et développée
avec toute la lucidité qu'elle comportait, par le P. Cotte
dans sa *Météorologie*, ne trouva plus de contradicteurs,
jusqu'au moment où les expériences relatives à l'électricité suggérèrent à quelques esprits audacieux la pensée
que ce fluide pouvait bien être l'agent principal, sinon
unique, des phénomènes orageux.

CHAPITRE II

Débuts de l'électrologie. — Premières observations scientifiques sur les
propriétés de l'aimant, du succin, etc. — William Gilbert. — Otto
de Guericke. — Expériences de Magdebourg. — La boule de soufre.
— Première machine électrique. — Remarques sur l'analogie de la
foudre et des phénomènes électriques. — Le docteur Wall, Cromwell,
Martinez, B. Martin, J. Freek. — Discrédit des idées de Descartes et
de Boerhaave. — Expériences de Grey et de Wehler sur les corps conducteurs et non conducteurs. — Étincelles électriques tirées du corps
humain. — Théorie de Dufay. — Les deux électricités. — La machine
électrique perfectionnée par Hauksbee, Boze, Ramsden et Nairne. —
Construction actuelle de cette machine.

Il faut arriver de plein saut à la fin du xvie siècle,
pour y trouver la date de naissance de *l'électrologie* (1).
Elle eut pour père un médecin Anglais, William Gilbert
de Glocester, attaché au service de la reine Élisabeth, et
pour langes les pages *in-folio* d'un livre publié par ce
médecin en l'an de grâce 1600, sous le titre *De magnete,
de l'Aimant*.

Est-il nécessaire d'ajouter que la science dont nous
essayons de retracer l'histoire se trouve là à l'état informe
et embryonnaire, presque perdue au milieu de beaucoup
d'erreurs, de naïvetés et d'obscurités ? Cependant ne soyons
point injustes : le livre *De magnete* est une œuvre re-

(1) Qu'il nous soit permis d'inventer ce mot, destiné à nous épargner
l'emploi d'une périphrase longue et incommode. On dit la *physiologie*,
la *géologie*, la *météorologie*, etc., pour désigner les sciences qui s'occupent de l'organisation des êtres vivants, de la constitution de la terre,
des phénomènes atmosphériques, etc. : pourquoi n'appellerait-on pas
électrologie la science qui a pour objet l'électricité ? Nous nous éton-
nons seulement d'être le premier à prononcer ce nom, parfaitement con-
forme, on voudra bien le reconnaître, aux règles qui président à la
création des nouveaux vocables.

marquable eu égard au temps où il fut écrit. Il est em-
preint déjà du caractère moderne, et de l'esprit nouveau
qui, sous l'inspiration du grand Bacon, allait bientôt
opérer dans les procédés d'investigation scientifique une
si profonde et si salutaire révolution.

Si W. Gilbert se fourvoie le plus souvent en essayant
d'expliquer les phénomènes de la nature, de commenter
ses propres expériences et de rendre compte des propriétés
des corps, au moins ces essais théoriques reposent-ils sur
des observations faites consciencieusement, avec soin et
avec toute l'exactitude que permettaient les ressources
exiguës dont les sciences physiques disposaient à cette
époque.

Prenant la pierre d'aimant pour point de départ de ses
recherches expérimentales, Gilbert fut naturellement conduit à examiner aussi l'ambre jaune ou succin et le jais,
qu'il considérait comme des variétés d'aimant, puisque
ces substances étaient également douées d'une vertu attractive. Puis il songea que d'autres matières du même
genre pouvaient bien aussi jouir de la même propriété,
et l'expérience confirma ses suppositions, car il constata
qu'en effet plusieurs pierres précieuses exerçaient aussi,
avec différents degrés de puissance, une attraction sensible sur une aiguille légère posée horizontalement sur un
pivot. Il reconnut enfin que le verre, la résine, le soufre,
la gomme-laque, etc., acquéraient par le frottement une
force attractive au moins égale à celle de l'ambre, et supérieure à celle des autres gommes, parmi lesquelles il
était alors rangé. Ce n'était donc pas une vertu propre
seulement à un petit nombre de substances privilégiées :
c'était une force généralement répandue dans la nature,
se développant et agissant avec plus ou moins d'intensité,
selon l'espèce de matière et selon les circonstances. C'était
un agent de plus à ajouter à ceux dont le Créateur se sert
pour donner à l'univers le mouvement et la vie.

On ne connaissait encore cette force que par un petit nombre d'effets sur lesquels il était impossible de hasarder une théorie. Pour en découvrir de plus significatifs et déterminer leurs rapports, soit entre eux, soit avec la cause qui les produisait, il fallait s'emparer de cette force, et la mettre en jeu, l'interroger comme on interroge les forces naturelles, en l'obligeant, pour ainsi dire, à montrer l'intensité de sa puissance et les lois qui la régissent.

Pour cela, il était indispensable de trouver un appareil à l'aide duquel on pût la développer à volonté, au moins dans une certaine mesure, et la soumettre à des expériences suivies.

L'honneur de cette immortelle invention appartient incontestablement à Otto de Guericke, auquel on doit aussi des travaux de la plus haute importance sur la pression atmosphérique; ce fut lui qui construisit la première machine pneumatique et l'appareil si ingénieux et si simple connu sous le nom d'*hémisphères de Magdebourg,* et destiné à prouver que la pression de l'air s'exerce en tous sens, et non pas seulement de haut en bas (1). Cet illustre physicien, né à Magdebourg en la même année où mourut William Gilbert, et mort lui-même à Hambourg en 1684, remplissait dans sa ville natale les importantes fonctions de consul ou bourgmestre, dont il sut, comme on le voit, concilier les devoirs austères avec la poursuite des études scientifiques les plus sérieuses.

Sans doute la MACHINE ÉLECTRIQUE telle qu'elle sortit pour la première fois de ses mains ne ressemblait guère, en apparence, à ces élégantes machines dont on se sert

(1) Cet appareil consiste en une boule creuse en laiton, dont les deux moitiés s'adaptent exactement l'une contre l'autre par simple juxtaposition. Tant que l'air contenu dans l'intérieur fait équilibre à la pression extérieure, on les sépare l'une de l'autre sans difficulté; mais lorsqu'on y a fait le vide à l'aide de la machine pneumatique, la séparation ne peut s'opérer que par un effort très-puissant, dans quelque position qu'on tienne l'appareil.

aujourd'hui dans les cabinets de physique. Celles-ci ne sont pourtant qu'un perfectionnement de l'appareil primitif, lequel consistait en une grosse boule de soufre traversée par un axe horizontal qui reposait sur deux supports et portait à l'une de ses extrémités une manivelle. On lui imprimait, d'une main, un mouvement rapide de rotation, tandis qu'on y appuyait l'autre main bien sèche ou enveloppée de drap, et que l'on développait par ce frottement, sur la sphère de soufre, assez d'électricité pour donner lieu à des phénomènes tout à fait imprévus, notamment cette crépitation et ce dégagement de lumière qui accompagnent le frottement du corps électrique, et qui sont dus à une série de petites étincelles se succédant avec rapidité.

Dans la relation qu'il a laissée de ses expériences, sous ce titre : *Experimenta nova Magdeburica*, Otto de Guericke énumère les forces ou vertus qu'il a constatées sur son globe de soufre électrisé.

Il place en première ligne la force impulsive (*virtutem impulsivam*), qui n'a pourtant, telle qu'il l'entend, aucun rapport avec l'électricité, car elle consiste en ce que la vitesse imprimée à un corps par un effort donné est proportionnelle à la masse de ce corps. « Et comme ce globe, dit-il, se rapproche beaucoup des métaux par sa gravité, il est évidemment très-capable de cette force (*hujus virtutis evidentius et maxime capax est*); en sorte que si, avec la main ou avec le bras, une semblable force lui est imprimée, il sera projeté plus loin que du bois ou d'autres corps légers. » Il lui reconnaît ensuite une force attractive qu'il appelle *de conservation* (*virtutem conservativam*), et qu'il assimile à l'attraction exercée par le globe terrestre sur les êtres et les objets qui se trouvent à sa surface.

En troisième lieu apparaît la *vertu expulsive*, développée, comme la précédente, par le frottement; et cette découverte, bien qu'il fût loin d'en saisir la portée, était bien plus précieuse pour la science que celle de l'attraction électrique, dès longtemps connue, et demeurée stérile, comme nous savons, pendant plusieurs siècles. Le physicien de Magdebourg observa parfaitement que les corps légers, après avoir été attirés par son globe de soufre, étaient repoussés presque aussitôt, *et n'étaient plus attirés de nouveau qu'après avoir touché un autre corps* (*a se iterum repellit, nec prius recipit, quam aliud corpus attigerint*). C'était là un fait capital, qui plus tard devait servir de base à la théorie fondamentale de l'électricité, et sur lequel repose l'hypothèse généralement admise depuis la fin du siècle dernier, à savoir qu'on peut considérer l'électricité comme résultant de la combinaison de deux fluides, l'un positif, l'autre négatif, s'attirant réciproquement, et dont chacun est, si l'on peut ainsi dire, antipathique à lui-même : d'où cet axiome bien connu, *que les fluides de nom contraire s'attirent, et que les fluides de même nom se repoussent.*

La quatrième propriété du globe de soufre est, selon Otto de Guericke, la sonorité, ou plutôt la propriété de produire un son. « Car, dit-il, lorsqu'on le tient ou qu'on le porte dans la main et qu'on l'approche de l'oreille, on entend des bruits ou des craquements à l'intérieur. » Il ne paraît pas se douter que ces craquements sont dus à la rupture des aiguilles cristallines du soufre, sous l'influence des dilatations inégales produites par la chaleur de la main, ce qui, non plus que la *force impulsive*, n'a rien de commun avec l'électricité. Il en est de même de la force calorifique (*virtus calefaciens*), qui, comme il le déclare, peut être provoquée dans un corps quelconque à l'aide d'un frottement énergique (*per attritionem duram in quovis corpore excitari potest*). Mais on n'en peut dire autant de la phosphorescence (*virtutem lucentem*), qui a tous les caractères d'un phénomène électrique. « Car, dit notre auteur, si l'on emporte le globe avec soi dans un cabinet obscur, et qu'on le frotte avec la main sèche, surtout pendant la nuit, il deviendra lumineux de la même façon que le sucre lorsqu'on le casse. »

En résumé, Otto de Guericke avait observé et décrivait pêle-mêle des phénomènes de natures fort différentes. Il avait pris cette boule de soufre, l'avait traitée, tournée et retournée de toutes les façons imaginables ; il avait noté sans ordre logique les modifications physiques qu'elle subissait dans ces différentes circonstances ; il ne semble pas avoir accordé une plus grande attention aux unes qu'aux autres ; et bref on peut dire qu'en tout ceci il fit un peu de l'électrologie comme M. Jourdain faisait de la prose, sans en rien savoir.

A la même époque, et même, assure-t-on, antérieurement aux premières recherches d'Otto de Guericke sur les propriétés de la boule de soufre, un compatriote de Gilbert, le docteur Wall, se livrait de son côté à des expériences électriques : expériences fort élémentaires, d'où il ne s'éleva point, comme le bourgmestre de Magdebourg, à une théorie transcendante sur les analogies des forces attractives qui meuvent la matière, mais dont les résultats lui firent entrevoir ce à quoi personne avant lui n'avait songé : la ressemblance de la foudre avec l'étincelle électrique.

La matière dont se servait Wall était un gros morceau d'ambre taillé en forme de cône. « En frottant vivement, dit-il, ce morceau d'ambre avec du drap, et en le serrant ensuite avec force dans ma main, j'entendis un nombre prodigieux de petits craquements dont chacun produisit un petit jet de lumière. Mais lorsqu'on frotta l'ambre doucement et légèrement avec le drap, il y eut seulement de la lumière, sans craquement. Si quelqu'un présentait le doigt à une petite distance de l'ambre, on entendait un craquement assez fort, accompagné d'un grand éclat de lumière. Ce qui me surprend beaucoup dans ce phénomène, c'est que le doigt est frappé très-sensiblement, et qu'on y éprouve une impression de vent, par quelque côté qu'on le présente. Le craquement est aussi fort que celui d'un charbon sur le feu; une seule friction en produit cinq ou six et plus, suivant la promptitude avec laquelle on place le doigt, et chacun est toujours suivi de lumière. Maintenant je ne doute pas qu'en se servant d'un morceau d'ambre plus long et plus gros les craquements et la lumière ne fussent l'un et l'autre beaucoup plus intenses. *Cette lumière et ce craquement paraissent en quelque façon représenter le tonnerre et l'éclair* (1). »

Environ soixante ans plus tard, en 1725, le physicien Grey, un Anglais aussi, dans une lettre adressée à Cromwell Mortimer, sociétaire de la société royale de Londres, et insérée dans les *Transactions philosophiques*, exprimait plus explicitement encore la même idée. « Il est probable, dit-il, qu'on pourra, avec le temps, trouver un moyen de rassembler une plus grande quantité de feu électrique, et par conséquent d'augmenter la force de ce feu qui, d'après plusieurs expériences (*si parva licet componere magnis*), *semble être de la même nature que le tonnerre et l'éclair*. »

D'autres savants encore, notamment le professeur Benjamin Martin et John Freeke, membre de la société royale de Londres, toujours des Anglais, furent également frappés de la ressemblance que les phénomènes électriques, même à l'état d'infiniment petits, tels qu'on savait alors les produire, présentaient avec les décharges fulminantes des nuages.

Dès lors les théories de Descartes, de Boërhaave, de Baron et du P. Cotte, sur le choc des nuages et l'inflammation des exhalaisons terrestres, commencèrent à tomber en discrédit. Ce fut bien autre chose lorsque la

----

(1) *Philosophical Transactions abridged*, t. II, p. 275.

célèbre expérience de Leyde eut fourni aux physiciens ce moyen prédit par Grey, de rassembler une plus grande quantité de feu électrique et d'augmenter la force de ce feu... » Mais n'anticipons point : l'expérience de Leyde n'eut lieu qu'en 1746, et nous ne saurions passer sous silence les importantes découvertes dont la science s'enrichit dans cet intervalle de plus d'un demi-siècle. Il faut placer au premier rang celles de Grey et de Wehler, savoir la transmissibilité du fluide électrique à des distances illimitées, avec une vitesse instantanée, et la division des corps en *électrisables* et *non électrisables*, ou, pour parler plus exactement, en corps *non conducteurs* et corps *conducteurs*. La première de ces découvertes fut bien l'œuvre de Grey, puis qu'il y parvint en se livrant à des expériences dont le but était précisément de reconnaître si la force électrique demeurait attachée au corps même sur lequel on l'avait développée par le frottement, ou si elle se transmettait de ce corps sur d'autres corps, et à quelle distance s'arrêtait cette faculté de transmission. Mais la seconde découverte, celle de la conductibilité et de la non-conductibilité des corps, est due entièrement au hasard, ainsi qu'on va le voir; car cet épisode de l'histoire de la science électrique mérite d'être raconté.

Grey, dans le principe, ne se proposait rien de plus que de répéter, après bien d'autres, les expériences de Gilbert et d'Otto de Guericke. Seulement il se servait pour cela, non d'un morceau d'ambre ni d'une sphère de soufre, mais d'un gros tube de verre fermé à ses deux extrémités par des bouchons de liége. Un jour, après l'avoir frotté comme de coutume avec de la laine, il remarqua qu'un duvet de plume dont il approcha par hasard un des bouts du tube était attiré et repoussé alternativement par le bouchon, tout comme par le verre. Il en conclut naturellement que par le contact l'électricité se communiquait de l'un à l'autre. Il voulut savoir si le liége était privilégié à cet égard, ou si toute autre substance, le bois, par exemple, était aussi susceptible de s'électriser ainsi indirectement. Il prit donc une petite baguette de bois de sapin de quatre pouces de longueur, fixa à l'une de ses extrémités une petite boule d'ivoire, et la planta dans un des bouchons servant à fermer le tube; puis, ayant frotté le verre, il approcha la boule d'ivoire de quelques corps légers, qui furent aussitôt attirés.

A la baguette de quatre pouces Grey en substitua successivement d'autres de plus en plus longues, et jusqu'à des roseaux de 3 et 4 mètres, sans que l'attraction exercée par la boule d'ivoire diminuât d'intensité. Il suspendit alors ces roseaux à une corde de chanvre passée dans le bouchon, et monta sur le balcon du premier étage de sa maison. Là, le verre ayant été frotté, la boule, qui pendait à quelques centimètres seulement au-dessus du sol, et qu'une distance de vingt-six pieds (environ 8 mètres 50 centimètres) séparait du tube, attira les corps légers comme auparavant. Grey allongea la corde, et monta au second étage; l'attraction se fit sentir également. Il monta sur le toit; même résultat. Parvenu à ce point, il fut un moment empêché de pousser plus loin son essai : prendre une corde plus longue était chose facile; mais où se placerait-il? Il lui eût fallu, comme à Galilée pour des expériences sur la pesanteur, la célèbre tour de Pise, d'où son conducteur électrique eût pu tomber verticalement jusqu'au sol sans toucher le mur de l'édifice. Mais il songea, par bonheur, que la position verticale n'était pas indispensable, non plus que la ligne droite, et il s'avisa de suspendre sa corde dans une salle, à l'aide de ficelles attachées à des clous fixés dans les murs et dans le plafond, et de lui faire faire plusieurs circuits. Les choses étant ainsi disposées, il frotta le tube de verre et interrogea la boule d'ivoire adaptée, comme précédemment, à l'autre extrémité du conducteur. Mais, ô désappointement! l'attraction ne se produisait plus, le fluide s'était arrêté ou perdu en chemin. Par où? comment? Grey ne put le deviner, et dans sa perplexité il résolut de recourir aux lumières et à la sagacité d'un sien ami, nommé Wehler, physicien distingué, et particulièrement versé dans la connaissance des phénomènes électriques.

De concert avec lui, il renouvela d'abord ses premières expériences, qui réussirent à souhait; mais lorsqu'ils en vinrent à expérimenter sur une corde suspendue horizontalement à l'aide de ficelles de chanvre, l'essai, plusieurs fois répété, n'eut aucun résultat. Un jour pourtant, les deux physiciens résolurent de tenter une dernière épreuve. La corde dont ils se servaient n'avait pas moins de quatre-vingts pieds de long. Wehler, pensant que des ficelles ne suffiraient pas à la soutenir, eût l'idée d'employer pour la suspendre des cordons de soie, cette substance étant beaucoup plus résistante que le chanvre. Qu'on se figure l'étonnement et la joie des expérimentateurs lorsqu'ils virent le fluide se transmettre sans obstacle et sans affaiblissement jusqu'à l'extrémité de la corde ainsi suspendue!

Ils renouvelèrent le lendemain cet essai, mais avec une corde de cent quarante-sept pieds de long, repliée deux fois sur elle-même; puis, le surlendemain, avec une corde de cent vingt-quatre pieds, maintenue en ligne droite, toujours avec des cordons de soie; et la transmission s'effectua avec le même succès.

Enfin, le 3 juillet 1729, tout était prêt pour l'expérience, lorsque le cordon de soie se rompit. On eût pu sans doute le renouer; mais dans la crainte qu'il ne se rompît encore, et n'en ayant point de rechange, Wehler imagina de le remplacer, pour plus de sûreté, par un fil de laiton; lequel étant solidement attaché, et la corde dûment suspendue, on frotta le bâton de verre, et l'on présenta à l'extrémité du conducteur des corps légers ; mais le conducteur ne conduisait plus, et l'attraction ne se faisait nullement sentir. Le fluide s'était donc encore une fois perdu en chemin. En rapprochant ce résultat de ceux qu'ils avaient précédemment constatés, Grey et Wehler ne furent pas longtemps à en conclure que tout dépendait de la substance dont était fait le fil servant à suspendre la corde. Celle-ci, qui était de chanvre, transmettant bien la force électrique, il était naturel, en effet, que de la ficelle de même matière la transmît également, et que par cette voie elle allât se perdre dans le sol. Le fil de laiton évidemment jouissait de la même propriété conductrice, tandis que la soie en était entièrement privée.

Ces observations, dues, comme on le voit, à des circonstances toutes fortuites, furent pour Grey et Wehler le point de départ de recherches d'un autre ordre. Ils se mirent à étudier, au point de vue de la conductibilité pour le fluide électrique, les différentes espèces de corps, et ils constatèrent : premièrement, que le verre, le soufre, les résines, le diamant, les huiles, les oxydes métalliques (ou les *terres*, comme on les appelait alors), etc., ne conduisaient point l'électricité, qui, au contraire, se propageait facilement par les métaux, les liqueurs acides et alcalines, le corps des animaux, l'eau, et, en général, toutes les substances humides, etc.; deuxièmement que les corps mauvais conducteurs s'électrisaient bien par le frottement, tandis que les corps bons conducteurs ne s'électrisaient point.

Pour ce qui est de la distance à laquelle se transmet l'électricité par les corps bon conducteurs, ils ne virent point qu'elle est sans limites, et s'arrêtèrent à une longueur de sept cent soixante-cinq pieds anglais (environ 250 mètres) : longueur considérable relativement à ce qu'on supposait auparavant de la force de transmission du fluide électrique, mais presque imperceptible, si on la

compare aux étendues immenses et peut-être infinies que
ce fluide est capable de franchir avec la rapidité de la
pensée. Cette vitesse prodigieuse ne paraît pas non plus
avoir frappé l'esprit des deux physiciens anglais, et il leur
eût été, du reste, difficile de l'apprécier, encore moins de
la mesurer sur une échelle si petite et avec les appareils
si imparfaits dont ils disposaient.

Grey et Wehler méritent néanmoins d'être cités parmi
ceux qui firent faire les plus grands pas à la science électrologique, alors précisément qu'elle était encore dans
cette période de formation première et de tâtonnements
où la tâche des investigateurs est plus ingrate, où rien ne
guide leur marche hasardeuse, où aucune lumière du
dehors ne vient éclairer le sombre crépuscule qu'eux-
mêmes ont entrepris de dissiper. Grey, en particulier,
est l'auteur de plusieurs expériences et observations très-
intéressantes sur la conductibilité et les autres propriétés
électriques des liquides. Il reconnut aussi que le corps
humain est susceptible d'être électrisé.

Il plaçait sur un gâteau de résine, pour l'isoler du sol,
un enfant qu'il mettait ensuite en communication avec un
tube de verre électrisé, et la main de cet enfant attirait
les corps légers. Ou bien il le suspendait, dans une position
horizontale, sur des cordes de crin fixées au plafond, et
l'attraction se manifestait alors à la tête et aux pieds. Mais
ce furent deux savants français, Dufay, membre de l'Académie des sciences et prédécesseur de Buffon dans la
charge d'intendant du Jardin du Roi, et l'abbé Nollet,
plus tard son collègue dans la docte compagnie, et dont le
nom se trouvera plus d'une fois sous notre plume dans le
cours de cet ouvrage, qui les premiers firent jaillir du
corps humain l'étincelle électrique. Dufay lui-même s'était
couché sur une planche bien sèche et enduite de résine,
suspendue au plafond, comme un hamac, par des cordes
de soie; Nollet, qui, fort jeune alors et débutant dans la

carrière scientifique, l'aidait dans ses travaux, l'électrisa par le contact d'un gros cylindre de verre bien et dûment frotté avec de la laine; puis il approcha son doigt de la jambe du physicien, et en tira une vive étincelle qui leur causa à tous deux une douleur légère : quelque chose comme une piqûre d'épingle. L'expérience fut répétée dans l'obscurité, et Nollet vit avec un étonnement plein d'admiration son illustre maître enveloppé comme d'une vapeur lumineuse. Ces faits produisirent dans le public et dans le monde savant une grande sensation, et devinrent le texte de commentaires et de discussions à perte de vue sur la nature du mystérieux fluide qui produisait des effets si extraordinaires. On n'était pas au bout cependant, et l'on allait en voir bien d'autres, avant même que le siècle eût accompli la moitié de sa carrière.

Aussi bien les expériences que nous venons de rapporter, encore que très-curieuses et propres à impressionner vivement l'imagination, n'ajoutaient rien de fort important à l'ensemble des phénomènes jusqu'alors observés.

Heureusement pour la gloire de Dufay et pour l'avancement de la science, on doit à ce physicien des recherches d'une tout autre portée, qui complétèrent celles de Grey et de Wehler, et rectifièrent en plus d'un point les conclusions auxquelles ces derniers étaient arrivés.

On a vu, en effet, que les deux physiciens anglais avaient divisé les corps en conducteurs et non-conducteurs, considérant ceux-ci comme seuls électrisables. Dufay établit que tous les corps sans exception s'électrisent par le frottement; que si les corps conducteurs, les métaux, par exemple, avaient paru d'abord ne pas s'électriser, c'est que, grâce à leur conductibilité, ils laissent le fluide s'écouler à mesure qu'il se produit; mais qu'il est facile de prévenir cette déperdition en les *isolant* du sol. Ainsi, une barre de cuivre qu'on tient à la main et

qu'on frotte ne donne aucun signe d'électricité; mais
qu'on l'adapte à un manche de verre, de résine ou de
toute autre substance non conductrice, et elle acquerra
par le frottement les mêmes propriétés attractives que ces
mêmes subtances.

Dufay reconnut aussi que les matières animales et
végétales doivent leur conductibilité pour le fluide électrique à l'eau renfermée dans leurs tissus, et que cette
conductibilité augmente ou diminue suivant que ces matières sont plus ou moins humides. C'est ainsi qu'en
mouillant une corde de chanvre il transmit les effets
électriques jusqu'à une distance de douze cents pieds ou
quatre cents mètres.

Enfin, et c'est là son plus beau titre de gloire, Dufay
sut de ses propres observations et de celles de ses devanciers s'élever à des vues théoriques qui jetèrent tout à
coup sur l'ensemble des phénomènes une vive lumière.
Il donna, si l'on peut ainsi dire, la raison des connaissances
qu'on possédait alors sur l'électricité, en les rattachant
à une hypothèse plausible, et ce fut à lui réellement
que l'électrologie dut ce que nous appelons sa constitution.

Voici en quels termes il expose lui-même, dans un de
ses mémoires, sa doctrine, que les découvertes et les travaux ultérieurs des physiciens modernes ont modifiée
sans la détruire.

« J'ai découvert, dit-il, un principe fort simple, qui
explique une grande partie des irrégularités et, si je puis
me servir du terme, des caprices qui semblent accompagner la plupart des expériences en électricité.

« Ce principe est que les corps électriques attirent tous
ceux qui ne le sont pas, et les repoussent sitôt qu'ils sont
devenus électriques par le voisinage ou par le contact du
corps électrique. Ainsi, la feuille d'or est d'abord attirée
par le tube, acquiert de l'électricité en en approchant, et

conséquemment en est aussitôt repoussée. Elle n'en est
point de nouveau attirée, tant qu'elle conserve sa qualité
électrique ; mais si, tandis qu'elle est ainsi soutenue en
l'air, il arrive qu'elle touche quelque autre corps, elle
perd à l'instant son électricité, et conséquemment est
attirée de nouveau par le tube, lequel, après lui avoir
donné une nouvelle électricité, la repousse une seconde
fois, et cette répulsion continue aussi longtemps que le
tube conserve sa puissance. En appliquant ce principe aux
différentes expériences d'électricité, on sera surpris du
nombre de faits obscurs qu'il éclaircit. »

En effet, cette première hypothèse était déjà un pas
immense accompli dans la voie de la systématisation des
phénomènes. Toutefois Dufay lui-même ne tarda pas à
reconnaître qu'elle ne suffisait pas à rendre compte de
tous les faits ; et, comme il arrive d'ordinaire, cette insuffisance lui fut révélée par une découverte qui lui dévoilait
d'une manière bien plus complète la cause réelle des
apparentes irrégularités de l'action électrique.

« Le hasard, dit-il encore, m'a présenté un autre principe plus universel et plus remarquable que le précédent,
et qui jette un nouveau jour sur la matière de l'électricité. Ce principe est qu'il y a deux sortes d'électricités, fort différentes l'une de l'autre : l'une, que j'appelle
électricité vitrée ; l'autre, *électricité résineuse.* La première
est celle du verre, du cristal de roche, des pierres précieuses, du poil des animaux, de la laine et de beaucoup
d'autres corps. La seconde est celle de l'ambre, de la
gomme-copal, de la gomme-laque, de la soie, du fil, du
papier et d'un grand nombre d'autres substances.

« Le caractère de ces deux électricités est de se repousser elles-mêmes et de s'attirer l'une l'autre. Ainsi, un
corps doué de l'électricité vitrée repousse tous les autres
corps qui possèdent l'électricité vitrée, et, au contraire, il
attire tous ceux de l'électricité résineuse. Les résineux

pareillement repoussent les résineux et attirent les vitrés. On peut aisément déduire de ce principe l'explication d'un grand nombre d'autres phénomènes, et il est probable que cette vérité nous conduira à la découverte de beaucoup d'autres choses. »

Tandis qu'en France Dufay abordait d'une manière si brillante la partie théorique de l'électrologie, les physiciens d'outre-Manche et d'outre-Rhin s'occupaient de perfectionner la machine inventée par Otto de Guericke, et d'accroître autant que possible la puissance de ses effets.

Dès les premières années du xviiiᵉ siècle, le physicien anglais Hauksbee, désireux surtout d'observer les phénomènes lumineux produits par une surface électrisée, de les étudier comparativement au sein de l'air atmosphérique et dans le vide, avait substitué au globe de soufre une sorte de manchon de verre ayant la forme d'un cylindre arrondi aux deux extrémités. Ce manchon enveloppait un autre cylindre creux de même forme, dans lequel on pouvait faire le vide en pompant l'air par un robinet disposé à cet effet. On imprimait au globe extérieur un mouvement rapide de rotation sur son axe à l'aide de courroies sans fin tendues sur la gorge de deux grandes roues en bois faisant l'office de volants, et qu'on tournait avec une manivelle.

Au rapport de Brémond, membre de l'Académie des sciences de Paris, et traducteur des œuvres de Hauksbee, ce dernier aurait fait, avec la machine que nous venons de décrire, plusieurs découvertes intéressantes. Néanmoins les expérimentateurs ne crurent pas devoir l'adopter, soit parce qu'ils n'en appréciaient pas bien les avantages, soit parce qu'ils la trouvaient trop volumineuse et trop coûteuse; et ils préférèrent s'en tenir pour leurs expériences, non pas même à l'appareil d'Otto de Guericke, mais à un simple tube ou à un bâton de verre

tenu d'une main et frotté de l'autre. Nous venons de voir
que Grey et Weller, et après eux Dufay, s'étaient contentés
de ce simple instrument, qui avait suffi pour les conduire
à des résultats de la plus haute portée.

Ce ne fut qu'en 1733 que Boze, professeur à l'université de Wittemberg, eut l'idée de revenir au globe de
verre mis en mouvement par un appareil mécanique, tel
à peu près que l'avait disposé Hauksbeer. Boze supprimait
le cylindre intérieur; mais en revanche il s'avisa d'ajouter
à ce que j'appellerai son générateur d'électricité un tube
de fer-blanc destiné à recevoir et à emmagasiner le fluide
au fur et à mesure qu'il se développait. C'était là une
idée des plus heureuses, et dont l'application, de mieux
en mieux entendue, a produit finalement notre machine
électrique, laquelle est munie, comme chacun sait, d'un
double conducteur en cuivre, communiquant par des
pointes avec le plateau de verre qu'on fait tourner entre
des coussins de cuir. Seulement Boze, pour isoler son
conducteur, n'avait rien trouvé de mieux que de le faire
tenir à la main par un aide perché sur un piédestal de
résine-laque, en sorte que cet homme faisait partie
de la machine. Cette bizarre complication fut bientôt
abandonnée, et le tube de fer ou de cuivre destiné à recevoir le fluide, en attendant qu'il fût supporté, comme il
l'est maintenant, sur des pieds de verre, fut suspendu
sur des fils de soie attachés au plafond, ou mieux, tendus
sur des supports à fourche. Mais ce dont il y a lieu de
s'étonner, c'est qu'on ait été si longtemps avant de songer
à frotter le générateur électrique autrement qu'avec la
main.

L'abbé Nollet lui-même, savant et ingénieux physicien
assurément, dans les instructions fort étendues que renferme son *Essai sur l'électricité des corps*, relativement
à la construction et à la manœuvre des machines électriques, ne parle que du frottement à la main; et le dessin

de son appareil nous montre, en effet, les deux mains de l'un des opérateurs appliquées sur le globe de verre, tandis que l'autre tourne la manivelle.

Disons-le dès à présent, pour rendre à chacun ce qui lui appartient et n'avoir plus à revenir sur ce sujet : ce n'était ni en Allemagne ni en France que la machine électrique, comme la machine à vapeur, comme les chemins de fer, comme tant d'autres inventions de la science moderne, devait accomplir ses dernières métamorphoses : c'était en Angleterre.

Vers 1760, c'était un Anglais nommé Adams qui, au témoignage de Tibère Cavallo et de Musschenbrœk, construisait les meilleures machines électriques. Musschenbrœk, dans son *Cours de physique expérimentale et mathématique*, donne la description et le dessin d'une de ces machines, qu'il déclare « trouver fort simple, et préférer, non-seulement à celles dont il s'est servi, mais encore à toutes celles qu'on a imaginées jusqu'au moment où il écrit. »

Cete machine consistait en un cylindre de verre tournant contre un coussinet de cuir, et sur lequel venaient s'appuyer les pointes de deux fils de cuivre doré fixés à un conducteur ou tube de cuivre jaune. Ce conducteur était supporté par des fils de soie *bleue*, attachés à une sorte de châssis horizontal, soutenu lui-même par des tringles en fer fixées sur la base de la machine. Il paraît qu'on attachait alors une grande importance à la couleur de la soie, et le bleu passait sans doute pour augmenter son inconductibilité, car ce détail n'est négligé par aucun des physiciens de ce temps, et nous verrons tout à l'heure Musschenbrœk, dans le récit de sa célèbre expérience, avoir soin de nous dire qu'il opérait avec un conducteur suspendu au plafond par des fils de soie *bleue*.

En 1768, un autre constructeur anglais, Ramsden, au cylindre de verre, qui trop souvent éclatait entre les

mains de l'opérateur et avait occasionné plusieurs accidents graves, substitua un plateau de même matière,
tournant à frottement entre quatre coussins de cuir rem-
bourrés de crin. Ce fut Ramsden qui, au lieu de suspendre le conducteur de cuivre à des fils de soie *bleue*, le fit
reposer sur des pieds de verre ; ce fut lui aussi qui l'arma
de deux bras terminés par des pointes aiguës et venant
presque toucher le plateau de glace, pour lui soutirer le
fluide ; si bien que la machine électrique dont on fait
usage aujourd'hui dans les cabinets et les cours de physique n'est autre que celle de Ramsden, à peine modifiée
dans quelques-uns de ses détails.

Enfin l'ingénieux Nairne, toujours un Anglais, construisit, vers 1770, la machine qui porte son nom, et
qu'on appelle aussi *machine à deux fluides*. Cette machine
se compose d'un volumineux cylindre de verre, tournant
entre deux conducteurs placés parallèlement de chaque
côté. L'un de ces conducteurs porte un large coussinet,
contre lequel frotte le cylindre. Lorsqu'en faisant tourner
ce cylindre on détermine la décomposition de son fluide
neutre, l'électricité négative passe sur le conducteur qui
porte le coussinet, et qui, étant isolé par ses pieds de
verre, conserve cette électricité. En même temps le
cylindre de verre agit par influence sur l'autre conducteur, et l'électrise positivement. Chaque conducteur est
donc chargé d'une électricité particulière, qu'on peut
faire agir à volonté. On comprend que cette ingénieuse
disposition permet d'exécuter une foule d'expériences
curieuses, auxquelles ne se prête point la machine ordinaire.

CHAPITRE III

La bouteille de Leyde. — Découverte de Musschenbrœk et d'Allaman. — Expériences de Winckler et de l'abbé Nollet. — Enthousiasme général qu'elles excitent. — L'*électromanie*. — Discussion sur la mort d'un moineau. — La bouteille d'Ingenhousz et la canne à surprise. — Un duel à propos d'électricité. — Tentatives des physiciens pour mesurer la vitesse du fluide électrique. — Expériences de Lemonnier en France, de Martin Flockes, Cavendish, Bevis et Watson en Angleterre. — Détermination de la vitesse de l'électricité par les physiciens contemporains. — Perfectionnements successifs de la bouteille de Leyde. — Batteries électriques.

Revenons à l'année 1746, marquée, comme nous l'avons dit, par une expérience qui fait époque dans l'histoire de l'électricité, et qui est restée célèbre sous le nom d'expérience de Leyde. Cette expérience, où il faut bien dire que le hasard fut pour beaucoup, comme dans celles dont on vient de lire le récit, a exercé sur les progrès ultérieurs de l'électrologie une influence décisive, et réalisé le prodige dont parlait l'alchimiste Halfergen : l'*art de mettre la foudre en bouteilles*.

L'invention de cet appareil si simple et si puissant, de cette fiole où l'on peut concentrer à volonté la matière électrique, a été de la part des savants du siècle dernier l'objet de contestations assez vives. Tous étaient d'accord sur la question la moins importante, celle de localité, si bien que l'appareil dont il s'agit fut désigné dès le principe sous le nom de la ville où il prit naissance; mais sur la question de personne l'accord ne fut pas le même. Leyde était alors un des principaux foyers scientifiques de l'Europe, et comptait parmi ses citoyens un grand nombre de physiciens distingués, qui tous se livraient avec ardeur à l'étude de l'électricité, et souvent exécutaient en commun leurs expériences. Celle qui nous occupe dut donc, ainsi que beaucoup d'autres, être faite en présence, peut-être même avec le concours de plusieurs d'entre eux. On cite parmi ceux qui y assistèrent ou y prirent part un riche bourgeois, grand amateur de recherches physiques, nommé Cuneus; Kleist, chanoine de la cathédrale de Commin; Allaman, professeur de physique, et enfin Musschenbrœk, dont nous avons parlé au chapitre précédent. C'est en faveur de ce dernier que la question paraît décidée par le témoignage des autorités les plus respectables, et notamment par celle de Priestley, qui dans son *Histoire de l'électricité* n'hésite pas à lui attribuer l'honneur de cette mémorable découverte.

Il n'y a du reste nulle raison de suspecter la bonne foi de Musschenbrœk lui-même, qui dans une lettre en date du 20 avril 1746, adressée à notre illustre compatriote Réaumur, en a retracé, ainsi qu'on va le voir, toutes les circonstances. Il ne paraît pas s'en glorifier outre mesure, et ne dissimule ni l'étonnement ni l'effroi qu'il éprouva en recevant pour la première fois une secousse à laquelle il était loin de s'attendre. Il est seulement permis de croire qu'il en exagère tant soit peu la violence, sans doute pour rendre son récit plus intéressant et plus dramatique.

« Je veux vous communiquer, dit-il, une expérience nouvelle, *mais terrible, que je vous conseille de ne point tenter vous-même.*

« Je faisais quelques recherches sur la force de l'électricité. Dans ce but, j'avais suspendu à deux fils de soie bleue (toujours de la soie *bleue*) un canon de fer, qui par communication recevait l'électricité d'un globe de verre qu'on faisait tourner rapidement sur son axe, pendant qu'on le frottait en y appliquant les mains. A l'autre extrémité pendait librement un fil de laiton dont le bout était plongé dans un vase de verre rond, en partie plein

d'eau, que je tenais dans ma main droite ; avec l'autre
main, j'essayais de tirer des étincelles du canon de fer
électrisé. Tout à coup ma main droite fut frappée
avec tant de violence, que j'eus tout le corps ébranlé
comme d'un coup de foudre. Le vase, quoique fait d'un
verre mince, ne se casse point ordinairement, et la main
n'est point déplacée par cette commotion ; mais le bras et
tout le corps sont affectés *d'une manière terrible, que je ne
puis exprimer. En un mot, je croyais que c'était fait de
moi.* Mais voici des choses bien singulières : quand on
fait cette expérience avec un vase en verre d'Angleterre,
l'effet est nul ou presque nul. Il faut que le verre soit
d'Allemagne : il ne suffirait même pas qu'il fût de Hollande. Il n'importe qu'il soit arrondi en sphéroïde, ou de
toute autre forme : on peut employer un verre à boire
ordinaire, grand ou petit, épais ou mince, profond ou
non ; mais ce qui est absolument nécessaire, c'est que ce
soit du verre d'Allemagne ou de Bohême (1). Celui qui
m'a pensé donner la mort était d'un verre blanc et mince,
et de cinq pouces de diamètre. La personne qui fait l'expérience peut être placée simplement sur le plancher ;
mais il faut que ce soit la même qui tienne d'une main
le vase, et de l'autre tire l'étincelle ; l'effet est bien plus
considérable si cela se fait par deux personnes séparées.
Si l'on place le vase sur un support de métal porté sur
une table de bois, en touchant ce métal seulement du
bout du doigt, et tirant l'étincelle avec l'autre main, on
ressent encore un très-grand coup. »

(1) Musschenbrœk commettait une grave erreur en attribuant aux
verres d'Allemagne et de Bohême d'autres propriétés qu'à ceux d'Angleterre ou de tout autre pays. Si l'expérience avait réussi avec les premiers, et manqué avec les seconds, c'est que ceux-là étaient mouillés
au dehors, tandis que ceux-ci étaient secs, et que dans le premier cas
l'eau, excellent conducteur de l'électricité, faisait l'office de l'armature
extérieure des *bouteilles de Leyde,* qu'on emploie aujourd'hui dans les
cabinets de physique.

Allaman, qui avait sans doute assisté à l'expérience de Musschenbrœk, voulut la répéter ; et, soit que son imagination, vivement excitée, eût influé sur sa sensibilité nerveuse ; soit que, comme son confrère, il cédât au désir un peu puéril d'accroître par une description hyperbolique l'effet de sa relation, il écrivit à son correspondant l'abbé Nollet : « Vous ressentirez un coup prodigieux, qui frappera tout votre bras, et même tout votre corps : *c'est un coup de foudre*. La première fois que j'en fis l'épreuve, j'en fus étourdi au point que j'en perdis pour quelques moments la respiration.

Enfin un autre physicien, Winckler, ayant voulu éprouver aussi la sensation produite par la décharge électrique, fut pris, à ce qu'il prétendit, de convulsions dans tout le corps ; le sang se porta à sa tête au point de lui faire craindre une fièvre cérébrale, et il dut, pour se remettre, s'administrer des calmants et des dérivatifs. Ces accidents toutefois ne l'empêchèrent pas de renouveler deux fois l'expérience, et à chaque fois il eut une abondante hémorragie nasale. Sa femme, emportée par la curiosité, ayant voulu à son tour se soumettre à l'expérience, demeura d'abord, pendant une semaine, comme paralysée ; à la seconde épreuve, elle en fut quitte, comme son mari, pour un saignement de nez.

L'abbé Nollet, dès qu'il reçut la communication de son confrère de Leyde, se mit en devoir de se soumettre à la commotion électrique; mais son expérience fut longtemps retardée par la difficulté de se procurer, comme l'avait prescrit Musschenbrœk, un vase en verre de Bohême ou d'Allemagne. Enfin, n'en ayant pu trouver, il se décida à tenter l'épreuve avec une fiole ordinaire, en verre de France. Sur la foi des assertions de son confrère de Leyde, il avait pris d'avance son parti de l'insuccès, qu'il considérait comme à peu près infaillible; mais contre son attente il put constater que la distinction établie par ce physicien entre les différentes espèces de verre, au point de vue électrique, n'était fondée que sur des circonstances purement accidentelles.

« Je ressentis, dit-il en rendant compte de son expérience à l'Académie royale des sciences, je ressentis jusque dans la poitrine et dans les entrailles une commotion qui me fit involontairement plier le corps et ouvrir la bouche, comme il arrive dans les accidents où la respiration est coupée : le doigt index de ma main droite, qui tirait l'étincelle, reçut un choc ou une piqûre très-violente; mon bras gauche fut secoué et repoussé de haut en bas, au point de me faire lâcher le vase à demi plein d'eau que je tenais. »

L'abbé Nollet était le premier qui eût reproduit en France le singulier phénomène observé à Leyde par Musschenbrœk et Allaman. On voit qu'il en décrivait les effets physiologiques dans un langage plus exact, plus sobre et moins emphatique, et qu'il n'essayait point de faire croire, comme ces physiciens, qu'il avait osé une chose inouïe et couru risque de la vie. Ce fut peut-être ce qui encouragea beaucoup de gens à se soumettre, soit par zèle pour la science, soit par curiosité pure, à la commotion électrique. Les savants et le public furent pris d'un même enthousiasme, poussé chez quelques-uns jusqu'à l'exaltation. « Je ne regretterais point de mourir d'une commotion électrique, disait le professeur Boze, puisque le récit de ma mort fournirait le sujet d'un article aux Mémoires de l'Académie royale des sciences de Paris. »

L'heure du danger pourtant n'avait pas encore sonné : c'était par le feu du ciel que devaient périr un peu plus tard les premiers martyrs de l'électrologie.

La vogue de l'*expérience de Leyde* fut immense, universelle : on ne s'abordait plus qu'en se demandant si l'on en avait éprouvé les effets. L'abbé Nollet, qui l'avait

intronisée en France, dut subir les suites de cette imprudence et se résigner, non-seulement à électriser dans son
cabinet les personnes de tout rang et de tout sexe (car les
dames n'étaient pas les moins empressées à se donner ce
nouveau genre de plaisir) qui assiégeaient sa porte du
matin au soir et sollicitaient de lui la faveur d'une commotion, mais encore à colporter à la cour, à la ville et
dans la campagne, sa machine et sa fiole électriques. Il
eut l'heureuse idée pour satisfaire plus vite aux demandes
du public, d'électriser à la fois plusieurs personnes, en
leur recommandant de se tenir par la main de manière à
former ce qu'on nomme la chaîne. Il se plaçait lui-même
à l'une des extrémités; la personne qui représentait le
dernier chaînon tenait en main la bouteille. Tout à coup
le savant abbé, touchant de la main le fil métallique plon-
geant dans le vase, mettait en communication les parois
interne et externe de celui-ci, et aussitôt la commotion se
faisait sentir simultanément sur toute la ligne. Cette manière d'opérer eut le plus grand succès : l'expérience, exécutée de la sorte en commun, acquérait pour les amateurs
un surcroît de charme et devenait une véritable partie de
plaisir. Tout le monde était possédé de l'*électromanie*.

L'abbé Nollet électrisa ainsi, à Versailles, en présence
du roi, une compagnie de gardes-françaises, c'est-à-dire
deux cent quarante soldats se tenant par la main. Puis ce
fut le tour d'une communauté de chartreux. Les révérends
pères étaient rangés dans un vaste enclos attenant à leur
couvent, sur une ligne qui n'occupait pas une longueur
de moins de dix-huit cents mètres; car, au lieu d'établir
entre eux une communication directe par le contact, ils
tenaient tous dans leurs deux mains un même fil de fer
qui servait de conducteur au fluide.

Nollet voulut ensuite constater l'effet que produirait la
décharge de la bouteille électrique sur des animaux. Des
poissons, un moineau, sujets de ses expériences, périrent

foudroyés par les coups de ce diminutif du tonnerre, au maniement duquel s'essayait la science. L'autopsie du moineau fut faite avec un soin curieux, et quelques-uns des opérateurs crurent voir que les veines de ce petit animal avaient été rompues; d'autres nièrent le fait; il s'ensuivit une discussion sérieuse, qui divisa huit jours le monde savant. Les veines du moineau étaient-elles intactes ou crevées? y avait-il eu congestion, paralysie, apoplexie ou catalepsie? Graves questions, sur lesquelles on ne put parvenir à s'entendre.

Cependant la popularité de l'expérience de Leyde s'accroissait chaque jour, et beaucoup de gens se plaignaient de ne pouvoir sans le ministère d'un physicien se donner le plaisir d'une commotion électrique. N'avait pas qui voulait un physicien à sa disposition. Donc le besoin se faisait généralement sentir d'un appareil portatif, commode et peu volumineux, que chacun pût se procurer à juste prix et faire jouer à ses heures. Ce besoin fut satisfait : l'appareil fut inventé; on le désigna sous le nom de *Bouteille d'Ingenhousz*. A la bouteille même, qui était de petites dimensions, on avait joint un générateur d'électricité fort simple, consistant en une peau de lièvre ou de chat et un ruban de soie enduit d'une couche de vernis résineux. On développait de l'électricité sur ce vernis en le frottant avec la peau du côté du poil, puis on y promenait la boule qui terminait la tige métallique adaptée à la bouteille. Celle-ci se trouvait alors chargée d'une quantité suffisante de fluide pour donner une légère secousse à l'expérimentateur. La bouteille, la peau et le ruban étaient renfermés dans une boîte plus ou moins élégante.

Les statistiques de l'époque ne nous apprennent point combien il se vendit de ces appareils; mais il est permis de croire que le nombre en fut considérable.

On fit aussi des *cannes électriques*, qui n'étaient autre chose que de véritables bouteilles de Leyde dissimulées sous l'apparence fallacieuse de cannes à pommes d'or, d'argent ou de chrysocale. Il y en avait pour toutes les bourses. La canne électrique consistait en un tube de verre enveloppé d'une feuille de métal peinte en couleur de bois, et rempli d'une substance conductrice, dans laquelle plongeait une tige métallique terminée extérieurement par une boule servant de pomme à la canne. Celle-ci étant électrisée au moyen du ruban gommé et de la peau de chat, on la présentait traîtreusement, sous un prétexte quelconque, à une personne sans défiance qui, en la touchant, ressentait à l'improviste la secousse électrique. .

On conviendra que les esprits mal faits et ennemis du progrès des sciences pouvaient seuls se fâcher de cette plaisanterie, qui pourtant faillit avoir une fois des suites funestes.

On sait que le duel était alors en grand honneur parmi la noblesse. Les préceptes de la religion et les édits royaux étaient également impuissants contre cette mode barbare, qui poussait les gens à se couper la gorge pour les motifs les plus futiles. Un gentilhomme électromane, le chevalier de Versac, se promenait un jour aux environs de la Place-Royale, armé d'une canne électrique qu'il venait d'acheter, avec l'intention bien arrêtée d'en faire l'essai sur la première personne de sa connaissance qui s'offrirait à lui ; mais le malheur voulut qu'aucun de ses amis ne se trouvât sur son passage. Le chevalier, décidé à ne point rentrer chez lui sans avoir fait usage de son appareil, avise un particulier qui marchait paisiblement à quelques pas devant lui : c'était un capitaine aux gardes, le comte de la Chenardière. Versac le connaissait à peine de vue. N'importe, pense-t-il, voici mon homme ; tant pis s'il prend mal la chose.

Il s'arrête, tire de sa poche la peau de chat et le morceau de soie verni, charge son arme, court après le comte; et, sans préambule, touche avec la pomme de sa canne la

main que l'officier tenait justement derrière son dos à
l'instar du grand Frédéric.

« Aye ! s'écrie la Chenardière ; peste soit du manant ! »
Et tout en proférant cette apostrophe il se retourne, et
d'un coup de sa canne de jonc il fait voler en éclats l'arme
fragile de son agresseur.

Il n'en fallait pas tant pour qu'une querelle sérieuse
s'engageât. Quelques instants après les deux adversaires
ferraillaient sur le quai, derrière l'Arsenal, en présence
de témoins recrutés chemin faisant. Heureusement ils en
furent quittes, la Chenardière pour une égratignure à la
joue, et Versac pour un coup de pointe qui l'obligea de
porter huit jours le bras droit en écharpe.

Ainsi le public s'amusait de la bouteille électrique,
comme il fait de toute nouveauté, bien ressemblant en
cela aux enfants, toujours prêts à abandonner le jouet de
la veille pour celui du lendemain. Les physiciens aussi
avaient accueilli avec enthousiasme l'invention de Musschenbrœk, mais parce qu'ils la considéraient avec raison
comme devant bientôt les conduire à d'autres découvertes
d'une plus haute portée : en d'autres termes, la bouteille
de Leyde était entre leurs mains un instrument d'investigation dont ils se mirent en devoir d'user sans retard.

Lemonnier en France, Martin Folkes, Cavendish,
Bevis et Watson en Angleterre, essayèrent de s'en servir
pour mesurer la vitesse de propagation du fluide électrique ; mais ni le premier ni les seconds ne purent jamais,
quelque longueur qu'ils donnassent au conducteur, saisir
un intervalle de temps appréciable entre le moment où
l'étincelle jaillissait à l'une des extrémités, et celui où
l'effet électrique se faisait sentir à l'autre extrémité.

Lemonnier commença par répéter, en les variant, les
expériences de l'abbé Nollet. Il prit d'abord pour conducteurs des chaînes et des fils de fer de plusieurs centaines
de toises, dont une partie plongeait dans l'eau ou dans de
la terre fraîchement remuée, une autre traînait dans

l'herbe humide, une autre enfin s'enroulait autour de troncs d'arbres ou de grosses pièces de fer. Malgré tous ces obstacles, le fluide se transmettait instantanément d'un bout à l'autre du fil ou de la chaîne métallique.

Lemonnier renouvela ces expériences au Jardin du Roi et dans le jardin des Tuileries, en immergeant les conducteurs dans les bassins qui ornent ces jardins, et le résultat fut le même. Puis, muni d'une excellente montre à secondes, il opéra sur des fils de deux cents et de quatre cent cinquante toises faisant le tour des deux grandes allées du Jardin du Roi ; l'électricité franchit ce circuit avec la même facilité, et sans qu'il fût possible de mesurer le temps écoulé entre la décharge de la bouteille et la commotion reçue par la personne qui tenait en main l'extrémité du fil.

Enfin, dans un vaste enclos dépendant du couvent des Chartreux, Lemonnier tendit parallèlement, à quelques pieds de distance l'un de l'autre, deux fils de fer longs chacun de neuf cent cinquante toises, qui, après avoir fait le tour de l'enclos, revenaient à leur point de départ. De cette sorte, l'observateur placé en ce point et tenant dans chaque main une des extrémités du double conducteur pour établir la communication, pouvait parfaitement voir partir l'étincelle et juger si l'explosion était séparée, ne fût-ce que par une fraction de seconde, de l'instant où il éprouvait le choc électrique. Or la personne qui assistait Lemonnier dans ses expériences déclara avoir reçu la secousse en même temps qu'elle avait vu l'étincelle. Lemonnier prit ensuite sa place, et constata de même la simultanéité sensible des deux phénomènes, qui ne fut pas moins évidente pour toutes les autres personnes dont il voulut, de peur de méprise, avoir aussi le témoignage. D'où il crut pouvoir conclure « que la vitesse de la matière électrique, lorsqu'elle parcourt un fil de fer, est au moins trente fois plus grande que celle du son. »

Les physiciens anglais donnèrent à leurs expériences

des proportions vraiment grandioses; ils firent franchir
au fluide électrique des distances de plusieurs milles, en
partie sous le sol et même dans les eaux de la Tamise. Ils
obtinrent ainsi des résultats qui les remplirent d'étonnement et d'admiration, tels, par exemple, que d'enflammer
de l'alcool à l'aide du courant même qui venait de traverser le fleuve; mais sur la vitesse du fluide, ils ne
purent rien apprendre de plus que n'avait fait Lemonnier, et furent conduits finalement à déclarer que la vitesse de l'électricité, parcourant un fil de douze mille deux
cent soixante-seize pieds (plus d'une lieue) de longueur,
était instantanée (1).

Ils eussent pu doubler, tripler la longueur de leur fil,
sans parvenir à approcher de la solution qu'ils poursui-
vaient, et que les recherches exécutées par les physiciens
modernes les plus habiles, avec les instruments les plus
parfaits et dans les circonstances les plus favorables, n'ont
pu encore établir d'une manière précise.

Ces recherches ont été faites pour la première fois en
1834 par M. Wheatstone, l'illustre créateur de la télégraphie électrique en Angleterre. Cet ingénieux expérimentateur a trouvé que l'électricité parcourt, sur un fil de
cuivre, quatre cent soixante mille kilomètres en une seconde. En 1849, un physicien américain, M. Walker,
prenant pour sujet de ses observations les signaux trans-
mis par le télégraphe électrique, trouva que sur des fils
de fer l'électricité n'avait qu'une vitesse de trente mille
kilomètres par seconde. Ainsi, d'après l'observation de
M. Wheatstone, la vitesse de l'électricité serait égale à une
fois et demie celle de la lumière, et le chiffre donné par
M. Walker est quinze fois moindre que celui du physicien
anglais. En 1850, MM. Fizeau et Gounelle expérimen-
tèrent à leur tour sur les télégraphes électriques de Paris
à Rouen et à Amiens, et ils trouvèrent que l'électricité

(1) Priestley, *Hist. de l'Électricité*, t. 1er, p. 203.

se propage avec une vitesse de cent quatre-vingt mille kilomètres par seconde dans des fils de cuivre, et cent mille kilomètres seulement dans des fils de fer. Plus récemment, MM. Guillemin et E. Burnouf ont obtenu par les fils de fer une vitesse de cent quatre-vingt mille kilomètres, la même que leurs devanciers immédiats avaient trouvée pour les fils de cuivre. Enfin des expériences faites en Angleterre, sur le télégraphe de Greenwich à Edimbourg, ont donné seulement douze mille deux cent cinquante kilomètres pour les fils de cuivre. Sur le télégraphe en partie sous-marin qui joint la capitale de la Grande-Bretagne à celle de la Belgique, on n'a évalué la vitesse du fluide qu'à quatre mille trois cent cinquante kilomètres ; mais cette lenteur relative doit sans doute être attribuée à l'influence que l'eau de mer exerce sur le courant, même à travers la gutta-percha et les autres enveloppes protectrices du fil conducteur.

Revenons à la bouteille de Leyde. Tel que l'avait employé Musschenbrœk, cet appareil était assez incommode et ne pouvait donner que de très-faibles décharges, bien incapables de produire les terribles effets signalés avec tant d'emphase par les premiers expérimentateurs. Il consistait simplement en un flacon de verre rempli d'eau environ aux deux tiers, et dans lequel plongeait une tige métallique. Avant même de s'être bien rendu compte de la manière dont cet appareil agissait, les physiciens étaient parvenus à y apporter des perfectionnements qui en rendaient à la fois la puissance plus grande et le maniement plus facile. Nollet avait démontré premièrement que la présence de l'eau dans le flacon n'était nullement nécessaire au succès de l'expérience ; il l'avait exécutée avec un plein succès et même une plus grande intensité d'effet, avec une bouteille dans laquelle il avait préalablement fait le vide. Il avait ensuite prouvé que la forme de l'appareil était indifférente, et qu'on pouvait employer, au lieu de bouteille, une capsule, une jatte, ou tout autre vase de verre. Le physicien anglais Watson reconnut à son tour que la force de la décharge était à la fois en raison directe de l'étendue de surface du vase, et en raison inverse de son épaisseur, mais qu'elle ne dépendait point de la force de la machine qui servait à charger l'appareil. Enfin un autre électricien anglais, Bevis, en variant de toutes les façons qu'il put imaginer l'expérience de Leyde, constata aussi que la force de la décharge augmentait avec les dimensions de la bouteille, mais nullement avec la quantité d'eau qu'elle contenait. Il s'avisa que sans doute ce liquide jouait là simplement le rôle de conducteur, et qu'à l'extérieur la main de l'opérateur remplissait le même office ; ce qui lui suggéra l'idée de remplacer l'eau par de la grenaille de plomb, et d'envelopper la bouteille, jusqu'à une certaine distance du goulot, avec une feuille métallique.

On remplaça bientôt après la grenaille de plomb par de minces feuilles d'étain, d'argent ou d'or, chiffonnées de manière à former dans le flacon une masse spongieuse qui offrait au fluide une très-grande surface ; on luta le bouchon avec de la gomme-laque ; on recourba en crochet et l'on termina par une boule la tige de laiton qui servait à mettre la garniture intérieure en communication avec le conducteur de la machine électrique, et la bouteille de Leyde réunit alors l'ensemble de dispositions qu'elle présente encore aujourd'hui.

Bevis et Watson construisirent aussi, les premiers en Europe, des batteries électriques destinées à multiplier à volonté la force de la décharge, en réunissant ensemble un certain nombre de bouteilles dont les armatures intérieures communiquaient entre elles par des fils de fer attachés à leurs tiges métalliques, en même temps que, d'autre part, les armatures externes reposaient sur une même plaque d'étain qui les mettait également en communication avec une batterie de douze grandes bouteilles ou *jarres* de verre mince. Watson obtint avec ces bat-

teries des effets vraiment formidables, comme de tuer
des animaux d'assez grande taille, des chiens, des chèvres
ou des moutons.

On voit que la partie expérimentale de l'électrologie
faisait de rapides progrès. Néanmoins la théorie de la
bouteille de Leyde restait à faire, et nul n'avait pu
encore expliquer les merveilleux effets de cet appareil.
Heureusement la nouvelle science avait franchi l'Océan,
et venait de trouver dans le nouveau monde un adepte
dont le génie extraordinaire allait lui donner tout à coup
un développement inattendu.

Le lecteur a nommé BENJAMIN FRANKLIN.

CHAPITRE IV

Benjamin Franklin. — Son origine. — Sa famille. — Sa jeunesse. — Ses
apprentissages successifs. — Son goût pour la lecture et l'étude. — Ses
premiers essais littéraires. — Il devient journaliste. — Franklin à la
recherche d'une position sociale. — Départ pour l'Angleterre et séjour
à Londres. — Retour à Philadelphie. — Franklin imprimeur. — Fon-
dation et progrès d'une société littéraire et scientifique et d'une bibliothèque. — Franklin publie un journal et l'*Almanach du bonhomme Richard*. — Il se livre avec ardeur à l'étude des langues et
à celle des sciences. — Fonctions publiques, magistrature et missions
politiques qui lui sont conférées. — Caractère de Franklin. — Sa
mort. — Deuil général. — Honneurs qui lui furent rendus en Amérique et en France.

Les recherches de Franklin sur l'électricité, et l'admirable invention qui en fut, pour ainsi dire, le couronne-
ment, sont comptées avec raison au nombre des plus
mémorables événements que nous offrent les annales de
la science, et elles eussent suffi à rendre immortel le nom
du célèbre physicien américain. Pourtant elles n'appa-
raissent que comme un court épisode dans sa longue carrière, presque entièrement remplie par des œuvres d'un

autre ordre ; et ce n'est pas un de ses moindres titres de
gloire, qu'ayant touché incidemment à une science encore neuve et à peine ébauchée, non-seulement il lui ait
fait faire, dans la théorie et dans la pratique expérimentale, des progrès rapides, mais encore qu'il en ait réalisé,
contre toute attente, la première, et sinon la plus brillante, à coup sûr la plus utile application.

Nous n'avons point à considérer ici, dans Benjamin
Franklin, le publiciste, le diplomate, l'homme d'État, encore moins le philosophe, ni à suivre pas à pas cet homme
célèbre dans sa longue et brillante carrière. Une étude
complète de sa vie, de ses actes, de ses écrits, serait
presque l'histoire raisonnée d'une époque et d'un pays,
et celle d'un des plus grands événements de l'histoire
moderne : l'émancipation des colonies anglaises de l'A-
mérique du Nord et leur constitution en fédération indé-
pendante. Loin de nous la pensée d'aborder une tâche si
difficile, et si étrangère d'ailleurs au sujet de ce livre.
Mais, puisque le nom de Franklin est resté attaché à une
de ces découvertes étonnantes qui font époque dans la
science et exercent sur ses progrès ultérieurs une influence décisive, nous ne saurions nous borner à un
simple exposé des idées et des travaux du physicien, sans
consacrer à l'homme même quelques pages ; d'autant que
sa vie est un exemple unique de ce que peuvent la persévérance, la probité, l'activité, l'économie, le travail, pour
élever un homme de génie d'une obscurité profonde à
une renommée universelle, de l'ignorance extrême aux
plus hauts sommets de la science, de la pauvreté à la
richesse, enfin de la condition la plus humble à une des
plus hautes fortunes politiques auxquelles l'organisation
d'un État démocratique permette d'aspirer.

Nous ne dirons point que Benjamin Franklin était de
basse extraction. Il n'y a de bas que le vice, et si les parents du futur inventeur du paratonnerre étaient de pauvres artisans, c'étaient aussi des gens honnêtes, laborieux

et de mœurs irréprochables. Son père, qui s'appelait Josiah, était le quatrième et dernier fils de Thomas Franklin, lequel appartenait à une famille de francs-tenanciers (en vieil anglais *franklings*) du Northamptonshire. Il était déjà marié et père de trois enfants, lorsque avec toute sa famille il quitta la vieille Albion pour aller s'établir, par delà l'Océan, dans la *Nouvelle-Angleterre*. Là il eut encore quinze autres enfants, ce qui fit en tout dix-huit, dont treize arrivèrent à l'âge de maturité et se marièrent.

Benjamin, le dernier de ces dix-huit enfants, naquit le 17 janvier 1706, à Boston, où son père, après avoir essayé sans succès de son ancien état de teinturier, avait établi une petite fabrique de chandelles et de savons. Tous ses frères furent mis en apprentissage pour différents métiers. Quant à lui, son père, ayant dessein de le consacrer à l'Église « comme la dîme de ses enfants, » l'envoya de bonne heure à l'école. « Je dois avoir appris à lire fort jeune, dit-il plaisamment dans ses mémoires, car je ne me rappelle pas le temps où je ne lisais pas encore. » En moins d'une année il avait surpassé tous ses camarades, et déjà il donnait à ses maîtres les plus flatteuses espérances, lorsque son père, réfléchissant aux dépenses que lui coûterait une éducation de collége, renonça tout à coup à son premier projet, et le retira de la classe de grammaire, où il venait d'entrer, pour le mettre dans une école d'écriture et d'arithmétique. Là Benjamin acquit assez vite ce qu'on nomme une *belle main*; mais, chose surprenante, lui qui devait être un jour un savant du premier ordre, il ne réussit nullement en arithmétique. Il avait dix ans lorsque son père le reprit chez lui pour l'aider dans son état. Le voilà donc occupé tout le jour « à couper des mèches pour les chandelles, à remplir les moules de suif, à faire les commissions, etc.

« Le métier, dit-il, me déplaisait, et j'avais un goût décidé pour la marine; mais mon père se prononça contre.

Cependant, demeurant près de la mer, j'étais sans cesse à l'eau; j'appris à nager et à conduire une barque, et quand j'étais embarqué avec d'autres enfants, j'étais ordinairement pris pour pilote, surtout dans les cas difficiles. En général j'étais en toute occasion le meneur de mes camarades, et parfois il m'arrivait de les *mener* dans l'embarras. J'en citerai un exemple, parce qu'il montre déjà une tendance vers des projets d'intérêt public, quoique je la dirigeasse alors fort mal. Il y avait un marais salant à la suite d'un étang sur lequel était construit un moulin, et souvent, à la haute marée, nous nous mettions à pêcher sur le bord. A force de piétiner, nous en avions fait un véritable bourbier. Je fis la proposition d'y construire un quai sur lequel nous stationnerions de pied ferme, et je montrai à mes camarades un gros tas de pierres destinées à la construction d'une maison près du marais, et qui conviendraient merveilleusement à notre projet. Le soir donc, lorsque les ouvriers furent retournés chez eux, j'assemblai un bon nombre de mes compagnons, et nous nous mîmes à l'ouvrage avec l'ardeur d'une fourmilière, quelquefois deux ou trois après une pierre; si bien que nous les portâmes toutes pour faire notre petit quai. Le lendemain matin, grande surprise des ouvriers, qui ne trouvent plus les pierres de notre quai. Enquête sur les auteurs de cet enlèvement. Nous fûmes découverts, accusés, et nos pères nous corrigèrent. J'eus beau démontrer l'utilité de nos travaux, mon père sut me convaincre *que ce qui n'est pas honnête ne peut être vraiment utile.* »

Il continua pendant deux ans de travailler à la fabrication des chandelles, et, selon toute apparence, il était destiné à succéder à son père dans cette industrie; mais comme il ne s'y livrait toujours qu'avec une répugnance visible, Josiah Franklin en vint à craindre qu'il ne quittât un beau jour le logis pour se faire marin; et, comme il redoutait par-dessus tout de lui voir embrasser une carrière si périlleuse, il résolut de lui faire apprendre quelque autre métier. Il le conduisit donc dans des ateliers de maçons, de menuisiers, de tourneurs, de vitriers, espérant connaître de la sorte son inclination, et la tourner vers une profession qui le pût retenir sur le continent.

« J'ai toujours eu du plaisir depuis ce temps, dit encore Franklin, à voir de bons ouvriers se servir de leurs outils, et plus d'une fois je me suis bien trouvé d'avoir profité de mes observations, puisqu'elles m'ont mis en état de faire chez moi divers menus ouvrages, quand je n'avais pas un ouvrier sous la main, et de construire de petites machines pour mes expériences, à l'instant même où mon désir de les faire était dans toute son ardeur. »

Après plusieurs essais, son père se décida pour la coutellerie, et le mit à l'épreuve chez son cousin Samuel, qui avait appris cet état à Londres, et qui venait de s'établir à Boston. Mais ce cousin, tout cousin qu'il était, ayant manifesté des prétentions exagérées, on dut renoncer à faire de l'enfant un coutelier, et il demeura encore provisoirement au logis paternel.

Cependant le goût que Benjamin avait d'abord montré pour la marine s'était peu à peu affaibli sous l'empire d'une passion nouvelle et plus forte, celle de la lecture. Tout l'argent dont il pouvait disposer était employé à acheter des livres. Il aimait surtout les récits de voyages et les ouvrages historiques, et lut avidement les *OEuvres de Bunyan*, les *Collections historiques* de R. Barton, les *Vies des hommes illustres* de Plutarque; il lut aussi deux livres qui se trouvaient dans la bibliothèque de son père, et qui étaient pourtant fort au-dessus de la portée d'un enfant de son âge : c'était l'*Essai sur les projets*, de Daniel de Foe, et l'*Essai sur les moyens de faire le bien*, du docteur Mather. Ces livres néanmoins contribuèrent, s'il faut l'en croire lui-même, à lui donner une tournure d'esprit qui influa sur quelques-uns des principaux événements de sa vie.

Son père, le voyant ainsi passionné pour les livres, eut l'idée de faire de lui un imprimeur, et le confia à un de ses autres fils nommé James, qui revenait justement d'Angleterre avec une presse et des caractères, et s'établissait à Boston.

« Cet état, dit Franklin, me plaisait infiniment plus que celui de mon père, et cependant j'avais encore un penchant pour la marine. Pour prévenir les effets d'un goût qu'il appréhendait, mon père était impatient de me voir lié envers mon frère. Je résistai quelque temps; mais à la fin je me laissai persuader, et je signai le contrat d'apprentissage, n'ayant encore que douze ans. Je devais servir comme apprenti jusqu'à vingt-un ans, et recevoir seulement pendant la dernière année le même salaire qu'un ouvrier. En peu de temps je fis de grands progrès, et je me rendis fort utile à mon frère. Je pus alors me procurer de meilleurs livres. La connaissance que je fis des commis de librairie me permettait d'emprunter de temps à autre un petit volume que j'avais grand soin de rendre promptement et en bon état. Souvent je lisais dans ma chambre, la plus grande partie de la nuit, lorsque le livre que j'avais emprunté le soir devait être rendu le lendemain matin, de peur qu'on ne s'aperçût qu'il manquait. »

Franklin entra aussi alors en relation avec quelques personnes de la ville qui possédaient d'assez riches bibliothèques, et se firent un plaisir de les mettre à la disposition d'un enfant aussi studieux. De la passion de lire à celle d'écrire il n'y a qu'un pas. Franklin s'essaya de bonne heure au métier d'auteur : d'abord par deux pièces de vers de circonstance, qui eurent un certain succès; mais son père le détourna de cette voie en l'avertissant « que les faiseurs de vers mouraient ordinairement de faim; » puis par des compositions en prose, dans lesquelles il s'étudiait à imiter le style des ouvrages qui lui semblaient le mieux écrits.

Il avait quinze à seize ans lorsque son frère fonda un journal, le second qui parut en Amérique, ayant pour titre *The New-England Courant*, que le jeune apprenti eut pour fonction de porter en ville aux abonnés, après avoir travaillé à la composition et à l'impression. Un jour pourtant Benjamin voulut se mêler aussi de la rédaction; mais il eut garde de le faire ouvertement, sachant bien que son frère ne consentirait point à rien imprimer de lui. Il écrivit donc, en déguisant son écriture, un premier article qu'il signa d'un nom de fantaisie, et qu'il glissa le soir sous la porte de l'imprimerie. Le lendemain matin on trouva le manuscrit, qui, soumis au conseil de rédaction, fut trouvé fort bon et inséré. Encouragé par ce début, il continua ce manége jusqu'à ce que, voyant son frère et les autres rédacteurs du journal enchantés de leur mystérieux collaborateur, et ne nommant, dans leurs conjectures pour deviner qui ce pouvait être, que des gens d'un mérite reconnu, il crut pouvoir se découvrir. Il commença alors à obtenir quelque considération des amis de son frère; mais celui-ci, qui ne voulait de lui autre chose que les services vulgaires et la docilité d'un apprenti, ne fut point enchanté de le voir prendre sitôt et si haut sa volée. Ce frère d'ailleurs le traitait assez brutalement, souvent même le battait; aussi commençait-il à regretter fort d'avoir conclu avec lui un engagement si long et songeait-il souvent aux moyens d'abréger son apprentissage. Il n'y parvint que par un subterfuge d'une loyauté contestable, et dont il se confesse lui-même dans ses mémoires comme d'un des premiers *errata* de sa vie. James, du reste, se comporta de façon à donner presque une excuse à la conduite répréhensible de son frère, en prenant soin d'empêcher que celui-ci pût trouver de l'occupation dans aucune imprimerie de la ville.

Benjamin n'eut alors d'autre parti à prendre que de quitter Boston. Il se rendit d'abord à New-York; mais il n'y trouva point d'ouvrage, et, sur des indications assez

vagues qui lui furent données, il prit sans hésiter la
résolution d'en aller chercher à Philadelphie. Il arriva
dans cette ville, où il devait jouir plus tard d'une fortune
considérable et occuper les plus hautes fonctions, dans un
état de complet dénûment. Par bonheur, il se fit promptement admettre comme ouvrier compositeur dans une imprimerie, et parvint au bout de quelque temps à gagner
fort honnêtement sa vie. Il se créa aussi des relations
avec les personnages les plus notables de la ville, et
entre autres avec le gouverneur, sir William Keith, qui
l'engagea avec instance à faire le voyage de Londres, lui
promettant de le recommander à des amis puissants qu'il
avait, disait-il, dans cette capitale, et de lui avancer les
fonds nécessaires à l'achat du matériel complet d'une
bonne imprimerie que Franklin reviendrait établir à
Philadelphie sous son patronage.

Jeune, sans expérience, et n'ayant aucun motif de
suspecter la bonne foi d'un homme puissant dont il
n'avait point sollicité la faveur, Franklin se laissa aisément séduire par la perspective de la position indépen-
dante que sir William Keith lui offrait spontanément. Il
s'embarqua donc, muni de lettres d'introduction adressées
à des personnages plus ou moins haut placés dans le
commerce, dans l'industrie et dans l'administration publique. Mais quel fut son désappointement lorsqu'il reconnut dès sa première démarche que les lettres n'étaient
point du gouverneur Keith, mais d'un certain Riddlesden,
lequel était un maître fripon avec lequel les honnêtes
gens ne voulaient rien avoir à démêler! Quant à Keith,
on en faisait aussi très-peu de cas : non pas précisément
qu'on le tînt pour un malhonnête homme ; mais on savait
que, voulant plaire à tout le monde et n'ayant aucun
moyen réel de rendre service et de se procurer des amis,
il ne se faisait aucun scrupule de prodiguer les promesses,
sans jamais en tenir aucune.

Franklin, qui, grâce à la coupable légèreté de cet

homme, se trouvait dans une position si critique, isolé à Londres, sans amis, sans protecteurs, sans autre ressource que le travail de ses mains, le juge néanmoins, dans ses mémoires, avec une indulgence vraiment magnanime. Après avoir raconté sans amertume le mauvais procédé de Keith à son égard : « C'était chez lui une habitude, dit-il simplement. Il voulait plaire à tout le monde, et, ayant peu de chose à donner, il donnait des espérances. » Et il ajoute aussitôt : « C'était d'ailleurs un homme d'esprit et de sens, un écrivain passable, un gouverneur bon pour le peuple, etc. » Heureusement il trouva tout de suite de l'ouvrage chez un imprimeur célèbre, nommé Palmer, et il y resta près d'un an. Il passa de là chez Watts, autre imprimeur encore plus célèbre, pour lequel il continua de travailler jusqu'à la fin de son séjour à Londres.

Un monsieur Denham, son compatriote et son ami, qui était sur le point de retourner à Philadelphie et d'y ouvrir un magasin, lui proposa de l'emmener et de le prendre en qualité de commis, lui promettant de l'envoyer, lorsqu'il aurait acquis une connaissance suffisante des affaires commerciales, comme son mandataire aux Indes occidentales et dans d'autres pays, et de lui former dans la suite un bon établissement. Franklin accepta cette offre avec empressement. Il partit de Gravesend, en compagnie de son nouveau patron, le 23 juillet 1726, et débarqua à Philadelphie le 11 octobre.

M. Denham étant mort l'année suivante, Franklin renonça au commerce pour reprendre son métier d'imprimeur, et rentra comme prote dans l'établissement de son ancien maître Keimer, à des conditions assez avantageuses en apparence. Mais au fond, Keimer n'ayant que des ouvriers tout a fait inexpérimentés, et étant lui-même incapable de leur rien apprendre, voulut seulement se servir de Franklin pour les former et pour mettre de l'ordre dans ses ateliers; et lorsque le jeune homme eut accompli

cette tâche difficile, il le renvoya un beau jour sous le
plus futile prétexte. Un des ouvriers nommé Meredith,
dont le père avait du bien, proposa alors à Franklin de
s'associer avec lui pour fonder à Philadelphie une imprimerie qui ne tarderait pas à recueillir la succession de
celle de Keimer, dont la ruine était imminente. Ce projet
néanmoins fut ajourné, comme on va le voir.

Keimer étant sur le point d'être chargé d'imprimer un
papier-monnaie pour New-Jersey, et ne pouvant pour ce
travail important se passer de Franklin, fit prier avec
instance celui-ci d'oublier leur querelle et de rentrer
chez lui. Franklin y consentit, et lui rendit encore cette
fois des services qui, s'ils ne rétablirent point les affaires
de Keimer, retardèrent du moins sa ruine.

Cependant le père de Meredith avait commandé à
Londres tout le matériel nécessaire pour l'installation
d'une imprimerie. Les deux associés réglèrent alors leurs
comptes avec Keimer, et s'occupèrent de monter leur entreprise dans une maison qu'ils louèrent près du marché
de Philadelphie, moyennant 24 livres sterling (600 fr.);
encore sous-louaient-ils une partie de cette maison à un
vitrier nommé Thomas Godefrey, chez lequel Franklin se
mit en pension pour sa nourriture. Il ne s'agissait plus
que de trouver de l'ouvrage. Il en vint peu d'abord; mais
au bout de quelque temps l'habileté de Franklin, son
exactitude, le soin et l'ardeur qu'il mettait à son travail,
lui concilièrent la bienveillance publique et le firent choisir pour imprimeur de l'assemblée de la province.

Il fonda ensuite un journal qui eut du succès et compta
bientôt un nombre assez considérable de souscripteurs.
Malheureusement le père de son associé Meredith, qui
avait promis de payer les achats et les frais d'installation,
se trouva dans l'impossibilité de tenir ses engagements;
les créanciers réclamaient impérieusement ce qui leur
était dû, et menaçaient, pour se faire payer, d'en venir
aux voies rigoureuses. D'autre part, Meredith travaillait

peu et mal, et se livrait souvent à des excès de boisson qui, étant remarqués dans la ville, affaiblissaient la considération que Franklin avait su s'attirer par son activité, son intelligence et la régularité de sa conduite. Il devenait donc urgent de mettre les choses sur un autre pied. Dans cette circonstance, deux amis dévoués, William Coleman et Robert Grene, vinrent fort à propos au secours de Franklin en lui prêtant les fonds nécessaires pour payer toutes les dettes de l'association, désintéresser Meredith, et rester seul maître et propriétaire de l'imprimerie.

La séparation eut lieu en 1729, et l'on peut dire que de cette époque date pour le futur électricien l'ère de prospérité croissante et de popularité de bon aloi qui dura jusqu'à sa mort.

Son ancien patron Keimer, maintenant son concurrent, ne tarda pas à glisser jusqu'en bas de la pente où l'avaient lancé son ignorance, sa mauvaise foi et ses mauvaises mœurs, et fut obligé de vendre son imprimerie à un de ses ouvriers nommé David Harry. Keimer passa aux Barbades, où son successeur ne tarda pas à le rejoindre, n'ayant pu continuer ses affaires à Philadelphie ; là l'ancien maître fut trop heureux de trouver de l'occupation chez celui qui naguère était son salarié ; mais l'un ne fut pas plus heureux que l'autre. Harry, qui voulait trancher du *gentleman* et mener grand train, fut à son tour obligé de vendre son fonds. Keimer resta comme ouvrier chez l'acheteur, et mourut peu d'années après dans un état des plus misérables. Pendant ce temps, Franklin, sobre, modeste et laborieux, ajoutait à son imprimerie un magasin de papiers, et le cercle de ses affaires s'étendait de jour en jour, ainsi que sa réputation de négociant probe, de citoyen dévoué, d'écrivain éminent.

Déjà imprimeur de l'assemblée, il fut chargé d'imprimer les actes du gouvernement, puis le papier-monnaie de la province et celui de New-Castle.

« Je commençai alors graduellement, dit-il, à acquitter

3*

les dettes que j'avais contractées pour mon imprimerie. Afin d'assurer mon crédit, je pris soin, non-seulement d'être en réalité laborieux et économe, mais aussi d'éviter toutes les apparences contraires. Mes vêtements étaient simples, et jamais on ne me voyait dans les lieux de réunion des oisifs; je ne faisais ni parties de pêche ni parties de chasse : un livre seul pouvait quelquefois me distraire de mon ouvrage, mais c'était rarement, et sans que le public fût dans la confidence et pût s'en scandaliser. »

L'étude était en effet sa seule distraction. Il avait fondé avec quelques amis, sous le nom de *Junte*, une société à la fois politique, littéraire, philosophique et scientifique, dont les séances se tenaient, non dans une taverne, comme celles des autres clubs américains d'alors, mais chez un des membres, dans une pièce spécialement attachée à cet usage. Cette société fut, pour ainsi dire, le berceau de la première bibliothèque publique qu'ait possédée une ville des États-Unis.

Franklin proposa d'abord à ses collègues de la Junte de mettre en commun leurs livres, en les réunissant dans le local de la société, où chacun pourrait les consulter et les lire. Ce projet fut agréé et mis à exécution, mais d'une manière incomplète. Le nombre des livres apportés ne fut pas aussi grand qu'on l'avait espéré; quoiqu'ils fussent d'une grande utilité, on trouva des inconvénients dans le peu de soin pris pour leur conservation; si bien qu'au bout d'un an la collection fut démembrée, et chacun reprit ce qui lui appartenait.

« Ce fut alors, dit Franklin, que je formai ma première entreprise d'utilité publique, celle d'une bibliothèque par souscription. J'en traçai le projet, que je fis rédiger par notre célèbre notaire Brockden, et avec l'aide de mes amis de la Junte je rassemblai cinquante souscripteurs qui devaient payer quarante schellings pour commencer, et dix schellings par an pendant cinquante ans, durée donnée à notre société. Nous obtînmes ensuite une charte, le nombre des sociétaires s'étant élevé à cent. Notre bibliothèque par souscription fut la mère de toutes celles qui existent dans l'Amérique du Nord, et qui sont aujourd'hui si nombreuses. »

« .....Cette bibliothèque, dit-il encore, me fournit les moyens d'augmenter mes connaissances par une étude constante, à laquelle je consacrai habituellement une heure ou deux par jour, et je réparai ainsi jusqu'à un certain point l'absence de l'éducation scientifique que mon père avait eu autrefois dessein de me donner. La lecture était le seul amusement que je me permisse. Je ne dissipais point mon temps dans les tavernes, à des jeux et des folies d'aucune espèce, et je continuais à consacrer à mon commerce les soins infatigables qu'il exigeait. J'étais encore endetté pour mon imprimerie; j'avais une petite famille (1) à l'éducation de laquelle il allait devenir nécessaire de penser. Toutefois j'acquérais tous les jours plus d'aisance. J'avais conservé mes habitudes premières d'économie, et je me rappelais un proverbe de Salomon, que mon père me répétait souvent parmi les instructions qu'il me donnait pendant mon enfance : *Avez-vous vu un homme prompt à faire son œuvre? il comparaîtra, non devant les gens du peuple, mais devant les rois* (2). Je regardais donc le travail comme un moyen d'acquérir de la fortune et de la considération, ce qui me donnait du courage, quoique je fusse loin de penser que jamais il deviendrait vrai à la lettre *que je parusse devant les rois;* cela est arrivé pourtant, car je me suis trouvé devant cinq rois, et même j'ai eu l'honneur de dîner avec un, celui de Danemark. »

En 1732, Franklin commença la publication, sous le titre d'Almanach et sous le nom de Richard Saunders,

(1) Il avait épousé en 1730 une jeune veuve qu'il avait connue jeune fille avant son voyage en Angleterre.

(2) Vidisti virum velocem in opere suo? coram regibus stabit, nec erit ante ignobiles. (*Prov.*, xii, 29.)

d'un recueil de morale et de connaissances usuelles·à
l'usage du peuple. Cet almanach acquit ultérieurement,
sous le nom d'Almanach du bonhomme Richard, une
célébrité et une popularité prodigieuses dans le monde
entier. En tête de l'édition de 1757, l'auteur mit, en
guise de discours préliminaire, un choix de sentences et
de proverbes qui produisit dans le public une vive impression. « Ce morceau, ayant été universellement ap-
prouvé, fut copié dans tous les journaux du continent
américain, et réimprimé en Angleterre, sous forme d'affiche. On en fit en France deux traductions, et les curés
comme les seigneurs en achetèrent un grand nombre
d'exemplaires, pour les distribuer à leurs paroissiens et à
leurs paysans. »

Il se servit aussi de son journal comme d'un moyen de
répandre l'instruction, et de propager parmi ses concitoyens les principes de charité mutuelle, de probité, d'é-
conomie, de tempérance, ainsi que l'amour du travail et
le goût des plaisirs honnêtes.

Il s'associa successivement avec plusieurs de ses ouvriers, qu'il avait formés, et auxquels il fournit les moyens
d'aller fonder pour leur compte des imprimeries dans
diverses villes de l'Amérique, où ils se créèrent grâce à
lui des positions honorables et indépendantes.

Tout en continuant de s'occuper ainsi des autres, il ne
cessait de cultiver son intelligence. Il apprit seul l'ita-
lien, le français, l'espagnol, et enfin le latin. Il étudiait
aussi les mathématiques et les sciences physiques, et se
préparait dans le silence et sans bruit aux travaux importants qui devaient bientôt donner tant d'éclat à son
nom. Mais, comme on l'a déjà vu, ces études n'étaient
pour lui qu'un délassement, et ne le détournaient ni du
soin de ses propres affaires, ni de celui des affaires publiques. En 1736 il fut nommé secrétaire de l'assemblée
générale de Pensylvanie, et l'année suivante directeur
des postes de Philadelphie.

Il forma, en 1743, le projet d'établir à Philadelphie une académie pour l'éducation de la jeunesse ; mais ne trouvant personne à qui l'on en pût confier la direction, il dut laisser dormir ce projet, qui ne fut réalisé qu'un peu plus tard. Il fut plus heureux l'année suivante dans ses efforts pour la création d'une *Société philosophique*, qui fut fondée sur les mêmes bases que les académies scientifiques de l'Europe. De cette époque date, à proprement parler, l'entrée de Franklin dans la carrière politique, où sa nomination comme secrétaire de l'assemblée fut son premier pas, et dans laquelle, ainsi que nous l'avons dit dès le début, nous ne croyons pas devoir le suivre. Investi simultanément ou successivement, dans la province de Pensylvanie, des plus hautes fonctions civiles, judiciaires, législatives, militaires même (car, selon l'expression de M. Mignet, « il était bon à tout »); chargé ensuite auprès des cours d'Angleterre et de France de missions d'où dépendait le sort de l'Amérique, il justifia toujours, par ses talents autant que par ses vertus, la confiance de son pays. On sait pour quelle part éminente il contribua, comme diplomate et comme homme d'État, à l'affranchissement des colonies et à leur constitution en république fédérative sous le nom d'États-Unis. La gloire qu'il acquit dans ces mémorables événements n'est égalée que par celle de l'illustre général Georges Washington, le héros de l'indépendance américaine.

Franklin avait pour système *de ne demander, de ne refuser, de ne résigner aucune fonction.* Toutefois, arrivé à une vieillesse avancée, atteint d'une maladie douloureuse qui devait bientôt aboutir à un terme fatal, et croyant avoir payé sa dette de dévouement à la patrie et à l'humanité, il se retira entièrement des affaires. Il était âgé de quatre-vingt-deux ans, et en pouvait compter au moins soixante-dix de travail continuel. Il espérait, après une telle carrière, « pouvoir jouir, pendant le peu de jours qui lui restaient à vivre, du repos qu'il avait si longtemps

désiré (1) ; » mais les souffrances que lui causait son mal
ne lui laissèrent goûter que de rares instants de tranquil-
lité. Ces souffrances néanmoins n'altérèrent ni la séré-
nité de son âme, ni sa confiance dans la justice et la bonté
du Créateur; sa gaieté même ne l'abandonna point. « En
possession de tout son esprit, dit son médecin le docteur
Jones, outre la disposition qu'il conservait et la promptitude qu'il montrait à faire le bien, il se livrait à des
plaisanteries et racontait des anecdotes qui charmaient
tous ceux qui l'entendaient. »

« Trois jours avant sa mort, dit M. Mignet, il fit faire
son lit par sa fille, *afin de mourir d'une manière plus dé-
cente.* Il n'avait que des expressions de reconnaissance
pour l'Être suprême, qui durant sa longue carrière lui
avait accordé tant de faveurs; et il regardait les souffrances
qu'il éprouvait comme une faveur de plus pour le détacher de la vie. Il en sortit avec un joie tranquille et une
foi confiante, le **17** avril 1790, à onze heures du soir.
Il avait par son testament légué une somme aux écoles
gratuites où il avait reçu sa première instruction ; une
autre pour rendre la Schuykill navigable ; une autre, aux
villes de Boston et de Philadelphie, pour faciliter l'établissement des jeunes apprentis de ces deux villes, où il
avait été apprenti lui-même ; et toutes les créances qu'il
n'avait pas recouvrées, à l'hôpital de Philadelphie. Son
codicille, dans lequel il réglait l'emploi de cet argent avec
une ingénieuse prévoyance, se terminait par cette disposition : « Je lègue à mon ami, à l'ami du genre humain,
le général Washington, ma belle canne de pommier sauvage, surmontée d'une pomme d'or curieusement tra-
vaillée. Si c'était un sceptre, elle serait digne de lui et
bien placée dans sa main, etc.

La mort de Franklin fut regardée dans toute l'Union
comme un malheur public, et les regrets de ses conci-

(1) Lettre de Franklin au duc de la Rochefoucauld.

toyens étaient assez justifiés par les services signalés qu'il avait rendus à sa patrie, et par l'éclat que sa gloire avait fait rejaillir sur elle. A Philadelphie, tout le peuple se porta à ses funérailles, qui se firent au son lugubre des cloches drapées de noir, et avec les marques d'un respect universel. Le congrès, interprète de la reconnaissance et de la douleur des treize colonies pour leur bienfaiteur, leur libérateur, j'ai presque dit aussi leur *précepteur*, ordonna dans toute l'Union un deuil de deux mois.

Lorsque Franklin était venu en France, en 1776, pour conclure avec le roi Louis XVI, au nom des colonies insurgées, une alliance offensive contre l'Angleterre, il avait été accueilli à la cour aussi bien qu'à la ville, et par toutes les classes de la société, avec une bienveillance qui avait bientôt pris le caractère d'un engouement extrême. Il jouissait parmi les alliés de son pays d'une popularité que son départ, s'il ne l'avait accrue, avait certainement contribué à entretenir, en ne laissant pas à l'inconstant esprit de notre nation le temps de se lasser de lui. Aussi, lorsque la nouvelle de sa mort eut franchi l'Océan, produisit-elle à Paris et à Versailles une profonde impression. L'assemblée constituante, sur la proposition de Mirabeau, appuyée par MM. de Lafayette et de la Rochefoucauld, s'imposa un deuil de trois jours, auquel s'associa l'Académie royale des sciences de Paris, dont il était membre, ainsi que de presque toutes les grandes compagnies savantes de l'Europe.

Dans cette notice trop longue peut-être, et pourtant fort abrégée sur la vie de Benjamin Franklin, nous avons omis à dessein de parler de ses recherches et de ses découvertes scientifiques, parce qu'elles rentrent dans le cadre de notre travail, et ne devaient pas en conséquence se trouver intercalées dans une digression biographique. Nous revenons maintenant à cet épisode mémorable de l'histoire de l'électricité.

CHAPITRE V

Travaux de Franklin sur l'électricité. — Ses lettres à Pierre Collinson.
— Hypothèse du fluide unique. — Analyse de la bouteille de Leyde. —
La *charge par cascade*. — Découverte du *pouvoir des pointes*. —
Identité de la foudre et des phénomènes électriques. — Opinion de
l'abbé Nollet. — Démonstration de Franklin. — Idée de tirer parti du
pouvoir des pointes pour conjurer les dangers de la foudre.

Ce fut au commencement de l'année 1747 qu'un
membre de la Société royale de Londres, Pierre Collinson, qui était lié d'amitié avec Franklin, adressa à la société que celui-ci avait fondée à Philadelphie le récit des
dernières expériences faites sur l'électricité, en joignant à
sa lettre quelques instruments à l'aide desquels on pût
répéter les plus importantes. Ce sujet n'était pas tout à
fait nouveau pour Franklin. L'année précédente, se trouvant à Boston, il y avait rencontré le docteur Spence, qui
avait reproduit devant lui les phénomènes dont les physiciens et le public étaient alors le plus occupés, et qui
avaient vivement intéressé le philosophe américain. Aussi
accueillit-il avec une joie extrême l'envoi de son ami de
Londres. Avec les appareils dont celui-ci lui avait fait
présent, il commença par répéter en présence de ses collègues et de ses amis les expériences qu'il avait vu faire
à Spence. Mais un esprit aussi curieux, un génie aussi
pénétrant que le sien, ne pouvait se contenter de ces opérations élémentaires et banales. Il se mit donc à en exécuter d'autres de son invention, construisant lui-même
ses appareils, ou, lorsqu'il les voulait plus parfaits, les
faisant construire par des ingénieurs; et il s'appliqua surtout à découvrir la raison des phénomènes électriques, et
l'explication des effets qu'on s'était jusqu'alors contenté
d'enregistrer, ou sur lesquels on n'avait donné que des
théories peu satisfaisantes. Les résultats de ses recherches

sont consignés dans plusieurs écrits de peu d'étendue, dont la plupart sont de simples lettres adressées à ses amis et correspondants d'Amérique, de France et d'Angleterre, et principalement à P. Collinson.

« On n'a jamais rien écrit sur l'électricité, dit J. Priestley, qui ait eu plus de lecteurs que ces lettres (à Collinson), dans toutes les parties de l'Europe. Il n'y a presque point de langue européenne dans laquelle on ne les ait traduites; et, comme si ce n'était pas encore assez pour les faire bien connaître, on en a donné une traduction latine. Il est difficile de dire ce qui fait le plus de plaisir, de la simplicité et de la clarté avec lesquelles ces lettres sont écrites, ou de la modestie avec laquelle l'auteur y propose toutes ses hypothèses, ou enfin de la noble franchise avec laquelle il avoue ses erreurs quand elles sont prouvées par de nouvelles expériences. »

Nous n'entreprendrons point d'analyser les lettres et les autres écrits de Franklin sur l'électricité, ni de décrire ses expériences, dont la plupart sont devenues populaires, ayant le mérite d'intéresser et de saisir même les esprits étrangers aux sciences, parce qu'elles offrent toujours quelque chose d'inattendu, de pittoresque, et, disons le mot, d'amusant. Aussi s'exécutent-elles journellement dans tous les cours de physique. Il nous suffira donc de citer le *tube étincelant*, le *tableau magique*, l'*araignée artificielle*, le *carillon électrique*, etc. Mais comment ne pas nous arrêter aux grandes vues du physicien de Philadelphie, à son ingénieuse hypothèse du fluide unique, à son analyse de la bouteille de Leyde, à ses observations sur le pouvoir des pointes, à sa démonstration de l'identité de la matière électrique avec celle de la foudre, enfin aux conséquences et aux applications qu'il sut tirer de ces admirables découvertes?

Examinons d'abord la partie théorique de son œuvre; nous donnerons ensuite le récit de ses expériences et de celles que firent de leur côté, sur le même sujet, les physiciens français; puis nous essaierons de retracer l'intéressante histoire du PARATONNERRE.

C'est le propre des esprits supérieurs de s'élever promptement des faits particuliers aux idées générales, de l'observation des phénomènes à la recherche de leurs causes, et de la connaissance de ces causes à la détermination des lois qui les régissent. A peine Franklin a-t-il exécuté les expériences qui faisaient de son temps le fond du répertoire électrologique, qu'aussitôt il en veut formuler la théorie; et, chose remarquable, il arrive presque de plain saut à une hypothèse contestable, il est vrai, comme le sont toutes les hypothèses, mais ingénieuse, logique, et surtout d'une extrême simplicité. Dufay avait admis l'existence de deux électricités, qu'il appelait *résineuse* et *vitreuse*. Selon Franklin, le fluide, ou, comme il dit, le *feu électrique*, est un, homogène dans son essence et répandu dans tous les corps, où il tend sans cesse à se mettre en équilibre. Il a de l'affinité pour la matière, mais ses propres molécules se repoussent. Son affinité même varie selon les différentes espèces de corps. Ceux qui ne semblent pas électrisés le sont cependant, mais ils ont la quantité moyenne ou normale d'électricité; les autres, que nous appelons électrisés, sont simplement en dehors de l'équilibre général, soit parce qu'ils ont *plus* de fluide, soit parce qu'ils en ont *moins*, ce que Franklin exprime en disant qu'ils sont électrisés, les premiers *positivement*, les seconds *négativement*. Ces sortes de perturbations dans l'état électrique des corps sont produites, comme le montre l'expérience, par le frottement et par d'autres actions physiques ou chimiques; mais l'équilibre tend toujours à se rétablir entre les corps différemment électrisés, de même qu'entre les corps différemment chauffés. Seulement, dans ce dernier cas, le phénomène s'accomplit graduellement et insensiblement; tandis que dans le premier il s'opère d'une manière brusque, en donnant lieu aux effets désignés sous le nom de phénomènes électriques, à savoir des jets de feu, des détonations, des secousses plus ou moins fortes, etc.

D'après cela, voici comment Franklin expliquait la charge et la décharge de la « merveilleuse bouteille de Musschenbrœk ».

« Lorsque nous employons, dit-il, les termes de *charger* et de *décharger* les bouteilles, c'est pour nous conformer à l'usage, et faute d'autres termes plus convenables, puisque nous sommes persuadés qu'il n'y a réellement pas plus de feu électrique dans la bouteille après ce qu'on appelle sa charge, ni moins après sa décharge, qu'il n'y en avait auparavant, etc. » Le verre, selon lui, possède, « dans sa substance », une fort grande quantité de feu électrique, et tout ce qu'on fait en mettant le crochet de la bouteille en contact avec le conducteur de la machine électrique, se réduit à un changement dans la répartition de cette électricité sur l'une et l'autre de ses deux faces, ou, en d'autres termes, à une rupture de leur équilibre électrique, ce que la première acquiert en plus se trouvant en moins sur la seconde. « Néanmoins, ajoute-t-il, lorsque la situation du feu électrique est ainsi dérangée dans le verre, il ne saurait rester en repos jusqu'à ce qu'il ait été rétabli dans son uniformité primitive. Et ce rétablissement ne peut être fait à travers la substance du verre, mais il doit se faire par une communication non électrique établie au dehors, d'une surface à l'autre. »

Malgré sa simplicité, malgré son caractère parfaitement logique, l'hypothèse du *fluide unique*, imaginée par Franklin, n'a point prévalu dans la science. On suppose aujourd'hui qu'il existe deux fluides, qu'on nomme, l'un *positif*, l'autre *négatif*, de la combinaison desquels résulte le fluide *neutre* ou *naturel*, et l'on rend compte des phénomènes d'après ce principe, que les fluides *de même nom* se repoussent, tandis que les fluides *de nom contraire* s'attirent. Cette hypothèse diffère de celle de Franklin dans la forme plutôt que dans le fond, et, si elle est

plus commode pour l'explication des phénomènes, rien
ne prouve qu'elle soit plus vraie; question oiseuse, du
reste, et probablement insoluble, toute notre science devant se borner à des hypothèses dès qu'il s'agit, non plus
de l'observation des faits et de la détermination des lois,
mais de théories relatives à la nature des causes et à leur
mode d'action.

Quoi qu'il en soit, l'analyse de la bouteille de Leyde est
restée, sauf la différence des termes, celle que Franklin
avait donnée en s'appuyant sur l'unité et l'identité de la
matière électrique. Voici sommairement en quoi consiste
aujourd'hui cette analyse, telle qu'on a coutume de la
présenter dans les ouvrages et dans les cours de physique.

Lorsqu'on fait fonctionner une machine électrique, et
qu'on met en contact avec son conducteur le crochet d'une
bouteille de Leyde, la machine développant, par exemple,
du fluide positif, celui-ci s'accumule sur la garniture ou
armature intérieure de la bouteille. Là il agit par influence, à travers le verre, sur le fluide neutre de l'armature externe, et le décompose. Le fluide de même nom,
c'est-à-dire le fluide positif, est repoussé et s'écoule dans
le sol, soit par la main et le corps de l'opérateur, soit par
une chaîne fixée à l'armature extérieure et traînant à
terre. Par ce conducteur, la bouteille envoie dans le sol
du fluide positif, et y puise du fluide négatif autant qu'il
en faut pour faire équilibre au fluide positif de la garniture intérieure; et cet équilibre se maintient grâce à l'in-
terposition du verre, quelle que soit la quantité d'électricité accumulée de part et d'autre; mais si, à l'aide d'un
arc métallique tenu par des poignées de verre, on met en
communication les deux surfaces, la combinaison des
deux fluides s'opère aussitôt avec une violence et un éclat
proportionnels à la quantité des fluides contraires et à
leur tension. Ainsi le verre n'empêche pas l'action par
influence du fluide positif de l'intérieur sur le fluide
neutre de l'extérieur; mais il oppose une infranchissable

barrière à la reconstitution du fluide neutre, laquelle, comme l'avait très-bien observé Franklin, ne peut s'effectuer que par le moyen d'un excitateur qu'il appelait *non électrique*, et que nous appelons maintenant *bon conducteur* du fluide; c'est toujours un arc métallique formé de deux branches articulées ensemble comme celles d'un compas, et dont chacune est munie d'un manche ou poignée en verre.

Franklin fit très-bien voir que les résultats de cette expérience sont indépendants de la forme de l'appareil, et qu'on les obtient également avec un carreau de vitre sur chaque face duquel on a appliqué une feuille d'étain ou d'autre métal. En réunissant plusieurs de ces carreaux, qu'il appelait carreaux fulminants, il composa des batteries électriques d'une grande puissance. Il forma aussi des batteries plus fortes encore, et telles qu'on les voit encore dans les cabinets de physique, avec un certain nombre de jarres ou de bouteilles électriques. On met en communication, d'une part, toutes les armatures intérieures à l'aide de tiges métalliques; d'autre part, toutes les armatures extérieures, au moyen d'une feuille d'étain collée sur le fond de la caisse où l'on place les jarres. Cette feuille d'étain se prolonge latéralement jusqu'à la rencontre de deux poignées métalliques. Pour charger la batterie, on fait communiquer les tiges avec la machine électrique, et les armatures extérieures avec le sol. Un électromètre à cadran, fixé à la tige centrale, sert à mesurer la charge. La batterie se décharge exactement de la même manière qu'une bouteille isolée; mais il faut opérer avec une extrême prudence pour ne pas recevoir la commotion, qui peut occasionner de graves accidents et même la mort.

Franklin imagina encore, pour charger à la fois plusieurs bouteilles, un procédé qu'on a désigné sous le nom de *charge par cascade*, et qui consiste à suspendre une première bouteille, par son crochet, à l'extrémité du conducteur de la machine, puis une seconde bouteille à un crochet fixé à la garniture extérieure de la première, puis une troisième à la seconde de la même façon, et ainsi de suite. La dernière bouteille porte en dessous une chaîne métallique qui traîne sur le sol.

Ce fut en multipliant ainsi les combinaisons et les expériences que Franklin fut amené à établir, sur un ensemble de faits incontestables, l'identité de la foudre avec l'électricité. Quant au moyen de soutirer, comme il disait, le feu électrique des nuages orageux, cette mémorable invention fut la conséquence d'une découverte capitale qu'il convient d'exposer avant d'aller plus loin. Nous voulons parler de la découverte du *pouvoir des pointes,* dont il rend compte, comme il suit, dans sa deuxième lettre à P. Collinson.

« Je vous ai annoncé dans ma dernière lettre qu'en suivant nos recherches électriques nous avions observé quelques phénomènes singuliers que nous avons regardés comme nouveaux... Le premier de ces phénomènes est l'étonnant effet des corps pointus, tant pour tirer que pour pousser le feu électrique. Par exemple : placez un boulet de trois à quatre pouces de diamètre sur l'orifice d'une bouteille de verre bien nette et bien sèche. Avec un fil de soie attaché au plafond, précisément au-dessus de l'orifice de la bouteille, suspendez une petite boule de liége, environ de la grosseur d'une balle de mousquet ; que le fil soit de longueur convenable pour que la boule de liége vienne s'arrêter à côté du boulet ; électrisez le boulet, et le liége sera repoussé à la distance de quatre à cinq pouces, plus ou moins, suivant la quantité d'électricité. Dans cet état, si vous présentez au boulet la pointe d'un poinçon long, mince et affilé, à six à huit pouces de distance, la répulsion est détruite sur-le-champ, et le liége vole vers le boulet. Pour qu'un corps émoussé produise le même effet, il faut qu'il soit approché à un pouce de distance, et qu'il tire une étincelle.

« Voici ce qui prouve que le feu électrique est tiré par la pointe. Si vous ôtez de son manche le gros bout du poinçon, et que vous l'attachiez à un bâton de cire à cacheter, vous aurez beau présenter le poinçon à la même distance, ou l'approcher encore de plus près, le même effet n'en résultera point; mais glissez le doigt jusqu'à ce que vous touchiez la tête du poinçon, le liége volera aussitôt vers le boulet. Si vous présentez cette pointe dans l'obscurité, vous y verrez paraître quelquefois, à un pied et plus de distance, une lumière semblable à un feu follet ou à un ver luisant. Moins la pointe est aiguë, plus il faut l'approcher pour voir la lumière; et à quelque distance que vous aperceviez la lumière, vous pouvez tirer le feu électrique et détruire la répulsion...

« Pour montrer que les pointes sont aussi propres à lancer qu'à tirer le feu électrique, couchez une longue aiguille pointue sur le boulet; et vous ne pourrez assez électriser le boulet pour lui faire repousser la boule de liége. (Telle fut l'expérience de M. Hopkinson, qui la fit dans l'attente de tirer plus et de plus fortes étincelles de la pointe, comme d'une sorte de foyer, et qui fut surpris de n'en tirer que de faibles, ou point du tout.) Ou bien faites tenir à l'extrémité d'un canon de fusil suspendu, ou d'une verge de fer, une aiguille qui pointe en avant comme une sorte de petite baïonnette; et tant qu'elle y restera, le canon de fusil ou la verge ne saurait, malgré l'application constante du tube à l'autre extrémité, être électrisé au point de donner une étincelle, parce que le feu s'échappe continuellement à la sourdine par la pointe. Dans l'obscurité, vous pouvez lui voir produire le même phénomène que dans le cas dont nous venons de parler. »

Voilà la propriété des pointes pour l'attraction et l'émission du fluide électrique constatée et démontrée de la manière la plus positive. En présence de tels faits aussi exactement observés et exposés dans un langage aussi clair, il n'y avait aucun doute possible. Il ne restait plus

qu'à chercher l'explication de ces phénomènes et à en
tirer les conséquences. Sur le premier point, Franklin
échoua complétement, et ne put, malgré tous les efforts de
son génie, mettre en avant qu'une hypothèse sans aucun
fondement, à laquelle il eut, du reste, le bon esprit de
n'attacher qu'une très-médiocre valeur. C'est qu'il abordait là des régions inaccessibles à l'entendement humain,
et se heurtait contre une barrière qu'il n'est donné à personne de franchir. A l'heure même où nous écrivons, la
science n'est pas, sur cette question, plus éclairée qu'au
moment où Franklin exécutait ses expériences.

Mais sur le second point, le physicien américain prit
une éclatante revanche. Possédant au même degré les facultés généralisatrices par lesquelles l'intelligence s'élève
aux plus hautes conceptions de la théorie, et cet esprit
positif pour qui toute conquête de la science est imparfaite tant qu'elle n'a pas abouti à des résultats utiles, il ne
pouvait laisser sa tâche inachevée, et s'arrêter, avant
d'avoir atteint le but, dans une carrière où il venait de
se signaler par de si glorieux succès.

Avant de suivre Franklin dans la seconde partie de son
œuvre, nous devons, pour être juste et rendre à chacun ce
qui lui appartient, faire observer qu'il n'avait pas été seul
à accomplir la première. Non-seulement d'autres physiciens lui avaient ouvert la voie, mais d'autres aussi le
secondèrent efficacement dans ses recherches. Hâtons-
nous d'ajouter qu'il met toujours le plus honorable empressement à leur attribuer la part qui leur revenait dans
l'œuvre commune. La plupart des travaux dont il rend
compte dans sa correspondance, il les avait accomplis de
concert avec ses amis de Philadelphie; aussi ne dit-il
point : *J'ai* fait telle observation, *j'ai* pensé, *j'ai* découvert, etc.; mais *nous avons* fait, *nous avons* pensé, etc.
Souvent même il cite avec éloge, quelquefois avec admiration, ceux de ses devanciers ou de ses collaborateurs qui
ont contribué par quelque expérience ingénieuse, par

quelque découverte originale, à l'avancement de la science,
ou qui ont éclairé quelque point important du problème
dont il poursuivait la solution. Nous venons de voir qu'il
signale Hopkinson comme l'auteur de l'expérience propre
à montrer que les pointes « sont aussi propres à lancer
qu'à tirer le feu électrique ». En maint endroit, il cite
son ami Kinnersley, « ingénieux voisin », dit-il, qui se
fit en Amérique, comme l'abbé Nollet en France, le propagateur des nouvelles découvertes. En un mot, Franklin
était l'âme d'un petit cénacle d'hommes intelligents, amis
du progrès des sciences, et dont quelques-uns, tout en
reconnaissant sa supériorité, en s'inspirant de ses conseils
et en s'éclairant de ses lumières, ne laissaient pas d'apporter à l'œuvre commune un contingent précieux d'idées
fécondes et de découvertes originales.

Parmi les investigateurs dont les expériences durent
guider Franklin dans ses recherches, et lui indiquer en
quelque sorte le point où il fallait fouiller pour arriver à
la découverte de quelque grande vérité, nous devons citer
le physicien suisse Jallabert, qui le premier entrevit le
pouvoir des pointes. L'expérience par laquelle Jallabert
rendait sensible la différence des corps pointus avec les
corps arrondis, relativement à la manifestation de la force
électrique, est rapportée, comme on va le voir, par l'abbé
Nollet, dans ses *Recherches sur les causes particulières des
phénomènes électriques.*

« *Nouveau phénomène observé par M. Jallabert.* On
met en équilibre, sur un pivot, une petite verge de bois
qui peut avoir quinze à seize pouces de longueur, pointue par un bout, et armée par l'autre d'une petite boule
de bois d'un pouce de diamètre ou environ ; on met cet
instrument, ainsi préparé, à portée d'un homme qu'on
électrise, et qui tient en sa main un morceau de bois
tourné, gros et arrondi par un bout comme une demi-
boule, d'un pouce de diamètre, et pointu par l'autre extrémité. Si cet homme présente ce morceau de bois par le

gros bout à la boule A, qui est à l'une des extrémités de
l'aiguille, le plus souvent cette boule est repoussée ; il
l'attire, au contraire, presque toujours, s'il présente le
morceau de bois par la pointe. On voit tout le contraire
si l'on fait l'expérience par l'autre côté de l'aiguille ; le
morceau de bois, électrisé et présenté par le gros bout,
l'attire, et, si c'est la pointe du morceau de bois que l'on
présente, il est fort ordinaire que la partie B soit repoussée. »

Pour ce qui est de l'identité du fluide électrique avec la
matière fulminante des nuages orageux, nous savons que
dès le début de l'électrologie le docteur Wall, Grey, Benjamin Martin, John Freeke et plusieurs autres physiciens,
en avaient parlé comme d'une chose au moins vraisemblable. Or chacun des progrès accomplis par la science
était venu confirmer leur supposition, et la changer en une
probabilité à laquelle il ne manquait plus pour passer à
l'état d'axiome qu'une démonstration susceptible d'être
universellement adoptée. Cette démonstration théorique
et expérimentale, il était réservé à Franklin de la donner;
mais lorsqu'elle parut, elle était déjà depuis longtemps
dans tous les esprits.

« Si quelqu'un, disait l'abbé Nollet (1), entreprenait
de prouver par une comparaison bien suivie des phénomènes que le tonnerre est entre les mains de la nature ce
que l'électricité est entre les nôtres ; que ces merveilles,
dont nous disposons maintenant à notre gré, sont de petites imitations de ces grands effets qui nous effraient, et
que tout dépend du même mécanisme ; si l'on faisait voir
qu'une nuée, préparée par l'action des vents, par la chaleur, par le mélange des exhalaisons, etc., est vis-à-vis
d'un objet terrestre ce qu'est le corps électrisé en présence et à une certaine proximité de celui qui ne l'est
pas ; j'avoue que cette idée, bien soutenue, me plairait

_____

(1) Tome IV, page 314, de ses *Leçons de physique expérimentale*
publiées à Paris en 1748.

beaucoup. Et pour la soutenir, combien de raisons spécieuses ne se présentent pas à un homme qui est au fait de l'électricité ? L'universalité de la matière électrique, la promptitude de son action, son inflammabilité et son activité à enflammer d'autres matières, la propriété qu'elle possède de frapper les corps extérieurement et intérieurement jusque dans leurs moindres parties, l'exemple singulier que nous avons de cet effet dans l'expérience de Leyde, l'idée qu'on peut légitimement s'en faire en supposant un plus grand degré de vertu électrique, etc.; tous ces points d'analogie, que je médite depuis quelque temps, commencent à me faire croire qu'on pourrait, en prenant l'électricité pour modèle, se former touchant le tonnerre et les éclairs des idées plus saines et plus vraisemblables que ce qu'on a imaginé jusqu'à présent. »

Si ce que nous avons raconté plus haut de la vie de Franklin a suffi pour donner à nos lecteurs une idée du caractère de ce philosophe et des tendances de son esprit, on ne sera pas étonné qu'au lieu de se contenter, comme Nollet, de probabilités spécieuses, il ait voulu vider à fond une question de cette importance, et se soit chargé de donner la démonstration que le savant abbé se bornait à appeler de ses vœux. Il se mit à étudier comparativement tous les effets connus de la foudre et de la décharge électrique, et parvint ainsi à établir dix points de ressemblance parfaite entre les premiers et les seconds. Ces points sont les suivants :

1° Il observa d'abord que les éclairs décrivent communément une ligne brisée ou flexueuse; « et il en est toujours de même, dit-il, de l'étincelle électrique, quand on la tire d'un corps irrégulier à quelque distance. »

2° Le tonnerre frappe de préférence les objets les plus élevés et les plus pointus qui se rencontrent sur son chemin, comme les hautes montagnes, les arbres, les tours, les clochers, les mâts de vaisseaux, les pointes des piques, etc. De même tous les conducteurs aigus reçoivent ou rejettent le fluide électrique plus volontiers que ceux qui sont terminés par des surfaces plates ou arrondies.

3° On remarque que la foudre suit toujours le meilleur conducteur et le plus à sa portée. L'électricité en fait de même dans la décharge de la bouteille de Leyde. Franklin suppose par cette raison qu'il serait plus sûr durant l'orage d'avoir ses habits humides que secs, parce que dans ce cas-là l'eau peut transmettre en grande partie la matière du tonnerre jusqu'à la terre, et par là garantir le corps. « On a observé, dit-il, qu'un rat mouillé ne peut pas être tué par l'explosion de la bouteille électrique, tandis qu'il peut l'être quand il est sec. »

Il y avait là une erreur d'induction que son commentateur Priestley a fait plaisamment ressortir. « Il me semble, dit cet historien dans une note, que la matière du tonnerre qui traverserait les habits de quelqu'un chatouillerait son corps de bien près : c'est pourquoi j'aimerais mieux qu'en pareil cas mes habits fussent secs (1). »

4° Le tonnerre met le feu. L'électricité aussi détermine l'inflammation des matières combustibles, telles que la poudre à tirer, l'alcool, les essences, les résines et même le bois.

5° Le tonnerre fait souvent fondre les métaux. L'électricité fait la même chose.

6° On a vu souvent des corps de diverse nature, plus ou moins épais, déchirés ou perforés par la foudre. On obtient des effets semblables avec la décharge électrique.

7° On cite plusieurs exemples de personnes que le tonnerre a rendues aveugles. Franklin avait vu un pigeon frappé de cécité à la suite d'une décharge électrique par laquelle il croyait l'avoir tué.

8° Dans un orage arrivé à Stetham, le tonnerre avait emporté la dorure qui couvrait la moulure d'un panneau de menuiserie, sans entamer le bois ni même gâter le

(1) Priestley, *Hist. de l'électricité*, t. Ier, p. 321.

reste de la peinture. Franklin avait imité ce bizarre effet de la foudre en collant une bande de papier par-dessus les filets dorés de la reliure d'un livre, et en faisant passer au travers une étincelle électrique.

9° Le tonnerre tue les hommes et les animaux. On a tué aussi très-souvent des animaux par la commotion électrique. Les plus grands que Franklin et ses amis eussent tués étaient une poule et un dindon. Ce dernier pesait dix livres. On a réussi depuis à tuer des animaux beaucoup plus grands, tels que des chiens, des moutons et des chèvres, à l'aide de fortes batteries.

10° Enfin le tonnerre détruit quelquefois la propriété des aimants, ou renverse leurs pôles naturels. Franklin produisit le même résultat avec l'électricité.

En résumé, si par suite de la faiblesse et de l'imperfection de nos appareils nous ne pouvons pas toujours imiter les effets de la foudre et les autres phénomènes de l'électricité atmosphérique, en revanche il n'est pas un seul de ceux que nous pouvons réaliser qui n'ait été maintes fois observé pendant les orages ou par les temps orageux. On ne saurait donc attribuer qu'à l'insuffisance de nos moyens d'expérimentation les différences qu'on remarque entre les phénomènes électriques naturels et les phénomènes artificiels; et encore ces différences consistent-elles presque toujours exclusivement dans l'inégalité de puissance ou d'étendue des uns et des autres, la similitude restant parfaite.

Il fallait certes un esprit bien méticuleux et bien exigeant en fait de démonstrations physiques pour ne pas s'incliner devant l'évidence des faits incontestables sur lesquels Franklin appuyait sa théorie de l'identité de la foudre et de l'électricité. Mais on peut dire, sans faire aucun tort aux savants, que de tels esprits ne sont point rares parmi eux. Leur excuse est dans ce principe salutaire, que la science ne doit jamais se contenter d'approximations ni de probabilités, et qu'un problème ne peut être considéré comme résolu que lorsqu'on est arrivé à une certitude mathématique. Franklin lui-même n'était pas homme à s'arrêter dans une série de recherches quelconques avant d'avoir atteint ce terme final de toute déduction scientifique. Pour y parvenir, dans la grave question dont il s'agit, une dernière expérience lui paraissait nécessaire : expérience audacieuse, téméraire même, mais concluante et irréfragable ; il fallait littéralement amener le fluide des nuages orageux jusqu'à la portée de l'observateur, de façon que celui-ci pût en examiner les propriétés comme il étudiait celles de l'électricité des machines.

Le célèbre physicien américain n'eut pas besoin de longues méditations pour trouver que le pouvoir des pointes lui offrait un moyen sûr, et relativement facile, d'accomplir ce prodige et de vérifier son hypothèse.

« Pour décider, dit-il, cette question, savoir si les nuages qui contiennent la foudre sont électrisés ou non, j'ai imaginé de proposer une expérience à tenter dans un lieu convenable à cet effet. Sur le sommet d'une haute tour ou d'un clocher, placez une espèce de guérite assez grande pour contenir un homme et un tabouret électrique. Du milieu du tabouret, élevez une barre de fer, qui passe en se courbant hors de la porte, et de là se relève perpendiculairement à la hauteur de vingt à trente pieds, et qui se termine en une pointe fort aiguë. Si le tabouret électrique est propre et sec, un homme qui y sera placé, lorsque des nuages électrisés y passeront un peu bas, peut être électrisé et donner des étincelles, la verge de fer lui attirant le feu du nuage. S'il y avait quelque danger à craindre pour l'homme (quoique je sois persuadé qu'il n'y en a aucun), qu'il se place sur le plancher de la guérite, et que de temps en temps il approche de la verge le tenon d'un fil d'archal attaché aux plombs par une de ses extrémités, le tenant avec un manche de cire d'Espagne. De cette sorte les étincelles, si la verge est électrisée, frapperont de la verge au fil d'archal, et ne toucheront point l'homme (1). »

Ce n'est pas tout', Franklin ne cultivait pas la science comme une matière de pure spéculation, mais principalement en vue des bienfaits qu'elle peut et doit procurer à l'humanité. La théorie pour lui était un moyen d'arriver à l'application pratique des vérités scientifiques. C'est pourquoi, à peine en possession de cette double et immense découverte, le pouvoir des pointes et l'identité de la foudre et de l'électricité, nous le voyons aussitôt en saisir avec une sagacité extraordinaire le côté utile, et doter l'humanité de cet appareil si simple et par cela même si admirable à l'aide duquel nous pouvons mettre nos temples, nos édifices publics, nos maisons à l'abri des atteintes du feu céleste. Dans le même écrit, et immédiatement avant le passage que nous venons de citer, se trouvent ces remarquable paroles : ..... *Je demande si la connaissance du pouvoir des pointes ne pourrait pas être de quelque avantage aux hommes, pour préserver les maisons, les églises, les vaisseaux, etc., des coups de la foudre, en nous engageant* A FIXER PERPENDICULAIREMENT SUR LES PARTIES LES PLUS ÉLEVÉES DES VERGES DE FER AIGUISÉES PAR LA POINTE COMME DES AIGUILLES, *et dorées pour prévenir la rouille,* ET A ATTACHER AU PIED DE CES VERGES UN FIL D'ARCHAL DESCENDANT LE LONG DU BATIMENT DANS LA TERRE , OU , LE LONG DES HAUBANS D'UN VAISSEAU ET DE SON BORDAGE, JUSQU'A FLEUR D'EAU. *N'est-il pas probable que ces verges de fer tireraient sans bruit le feu électrique du nuage avant qu'il vînt assez près pour frapper, et que par ce moyen nous serions préservés de tant de désastres soudains et terribles?*

(1) *Opinions et conjectures sur les propriétés et les effets de la matière électrique,* etc. (Œuvres de Franklin, traduites de l'anglais sur la quatrième édition, par Barbeu-Dubourg, t. Ier, p. 62 et 63.)

CHAPITRE VI

Accueil fait en Angleterre et en France aux lettres de Franklin. — Buffon, Dalibard et Delor. — Expérience de Marly qui vérifie le pouvoir des pointes et confirme la théorie de Franklin. — Expériences semblables exécutées par d'autres physiciens en France, en Angleterre, en Allemagne, en Italie, en Russie. — Mort du professeur Richmann.

« L'année 1752, dit Priestley (1), forme en électricié une époque non moins fameuse que celle de 1746, dans laquelle la bouteille de Leyde fut découverte. En 1752 on vérifia l'hypothèse du docteur Franklin sur l'identité de la matière du tonnerre et du fluide électrique, et l'on exécuta le grand projet qu'il avait eu d'éprouver l'éclair lui-même au moment où il descend des nues. Les physiciens français furent les premiers qui se distinguèrent dans cette occasion mémorable. »

Cet hommage rendu à nos compatriotes par un savant anglais est aussi flatteur pour ceux-là qu'honorable pour celui-ci, et les savants français eurent d'autant plus de mérite à se l'attirer, que les compatriotes de Priestley furent, en général, très-éloignés de juger favorablement les travaux de Franklin. Lorsque les écrits du philosophe américain furent lus pour la première fois à la Société royale de Londres par Pierre Collinson, « on raconte, dit le docteur Lardner (2), qu'ils furent trouvés si étranges (*so wild*) et si absurdes, qu'on les accueillit par des éclats de rire et qu'on ne les considéra pas comme dignes d'être insérés dans les *Transactions philosophiques*. »

Cependant, lorsqu'ils eurent été publiés, et que l'opi-

(1) *Hist. de l'électricité*, t. II, p. 159, section X.
(2) *Manuel d'électricité et de météorologie*, publié à Londres en 1844.

nion de toute l'Europe les eut relevés de l'anathème dont les avait frappés la docte compagnie, celle-ci voulut bien entendre sans rire la lecture (6 juin 1751) d'un abrégé ou d'un extrait de ces ouvrages. Il est vrai qu'il ne fut point question du mémoire relatif aux moyens de soutirer le fluide électrique des nuages. « Sans doute, dit Lardner, ce passage, qui naguère avait spécialement excité l'hilarité des savants anglais, fut supprimé pour ne point exposer davantage l'auteur au ridicule. »

Heureusement pour Franklin, plus heureusement pour la science et pour l'humanité, il s'était trouvé en Angleterre quelques physiciens qui, ne partageant point les préventions injustes de leurs compatriotes, et voyant dans les découvertes de Franklin autre chose que des extravagances bouffonnes, en avaient appelé au public du jugement de la Société Royale.

Le docteur Fotherghill conseilla à Pierre Collinson de faire insérer les lettres et mémoires sur l'électricité dans le *Gentleman's Magazine*, dont l'éditeur, nommé Cave, était de ses amis. Mais celui-ci, homme intelligent, comprit qu'il avait un meilleur parti à tirer d'œuvres aussi précieuses, et les réunit en un volume qui parut à Londres avec une préface de Fotherghill. La première édition, rapidement épuisée, fut suivie de cinq autres, qui obtinrent un immense succès, moins encore en Angleterre que sur le continent, où les lettres de Franklin furent traduites dans toutes les langues.

En France, ce fut Buffon qui les prit sous son puissant patronage. L'illustre naturaliste ne se fit pas seulement le propagateur zélé des idées qu'elles renfermaient, il ne se contenta pas de les faire traduire et publier; il voulut encore se charger de provoquer et d'exécuter lui-même les expériences indiquées par Franklin.

Il s'entendit pour cela avec deux physiciens, Dalibard et Delor, de façon que la même expérience, répétée sur trois points différents, ne pût laisser aucun doute sur la

4*

nature des phénomènes qu'il s'agissait d'analyser. En conséquence, chacun d'eux fit poser verticalement, dans un endroit convenable, une longue barre de fer effilée en pointe à son extrémité supérieure, et fixée par la base dans un bloc de gomme-laque ou de résine qui l'isolât complétement du sol. Buffon fit placer sa tige électrique sur le faîte de son château de Montbart. Dalibard établit la sienne dans un jardin qu'il possédait à Marly-la-Ville. Enfin Delor, qui occupait à Paris, sur la place de l'Estrapade, un cabinet de physique pour la démonstration publique des nouvelles découvertes relatives à l'électricité, installa aussi, sur le toit de sa maison, un appareil semblable. Tout étant préparé, les trois expérimentateurs attendirent avec impatience que le temps fournît à l'un d'eux l'occasion de constater l'action de la verge métallique pointue sur les nuages orageux.

Ce fut à Marly que cette occasion tant désirée s'offrit pour la première fois. L'événement mérite d'être raconté avec quelque détail. Et d'abord voici en quoi consistait l'appareil, dont nous empruntons la description au mémoire lu par Dalibard lui-même, à l'Académie des sciences, sur la célèbre *Expérience de Marly.*

« 1° J'ai fait faire, dit ce physicien, à Marly-la-Ville, située à six lieues de Paris, dans une belle plaine dont le sol est fort élevé, une verge de fer ronde, d'environ un pouce de diamètre, longue de quarante pieds, et fort pointue par son extrémité supérieure. Pour lui ménager une pointe plus fine, je l'ai fait armer d'acier trempé, et ensuite brunir, à défaut de dorure, pour la préserver de la rouille. Outre cela, cette verge était courbée, vers son extrémité inférieure, de deux coudes à angle aigu, quoique arrondi. Le premier coude était éloigné de deux pieds du bout inférieur, et le second en sens contraire, à trois pieds du premier.

« 2° J'ai fait planter dans un jardin trois grosses perches de vingt-huit à vingt-neuf pieds, disposées en triangle et éloignées les unes des autres d'environ huit pieds : deux de ces perches contre les murs, et la troisième au dedans du jardin. Pour les affermir toutes ensemble, on a élevé sur chacune des entretoises à vingt pieds de hauteur; et, comme le grand vent agitait encore cette espèce d'édifice, on a attaché au haut de chaque perche de longs cordages qui tenaient lieu de haubans, répondant par le bas à de bons piquets enfoncés en terre à plus de vingt pieds des perches.

« 3° J'ai fait construire entre les deux perches voisines du mur, et adosser contre ce mur, une petite guérite de bois capable de contenir un homme et une table.

« 4° J'ai fait placer au milieu de la guérite une petite table d'environ un pied de hauteur, et sur cette table j'ai fait dresser et affermir un tabouret électrique. Ce tabouret n'est autre chose qu'une petite planche carrée, portée sur trois bouteilles à vin pour suppléer au défaut d'un gâteau de résine qui me manquait.

« 5° Tout étant ainsi préparé, j'ai fait élever perpendiculairement la verge de fer au milieu des trois perches, et je l'ai affermie en l'attachant à chacune de ces perches avec des cordons de soie, par deux endroits seulement. Le bout inférieur de cette verge était solidement appuyé sur le tabouret électrique, où j'ai fait creuser un trou propre à le recevoir.

« 6° Comme il importait de garantir de la pluie le tabouret et les cordons de soie, j'ai mis mon tabouret sous la guérite, et j'ai fait couder ma verge de fer à angles aigus, afin que l'eau qui pourrait couler le long de cette verge ne pût arriver sur son tabouret. C'est aussi dans le même dessein que j'ai fait clouer vers le haut et le milieu de mes perches, à trois pouces au-dessus des cordons de soie, des espèces de boîtes formées de trois petites planches d'environ quinze pouces de long, qui couvrent par-dessus et par les côtés une pareille longueur de cordons de soie, sans les toucher. »

Obligé de se rendre à Paris pour quelques jours, Dalibard chargea un menuisier de Marly, nommé Coiffier, de surveiller la machine; il lui donna les instructions et l'instrument nécessaires pour faire les observations en son absence, s'il survenait un orage. L'instrument n'était autre qu'un excitateur consistant en une tige de laiton emmanchée dans une bouteille et destinée à tirer des étincelles de la barre électrisée, sans que la décharge pût atteindre l'opérateur. Ce Coiffier, ancien dragon, était un homme intelligent, courageux et dévoué à Dalibard. Celui-ci savait donc qu'il pouvait compter sur lui. Il lui avait d'ailleurs expressément recommandé d'avoir avec lui, au moment de l'expérience, quelques personnes du voisinage, et surtout d'envoyer chercher l'abbé Raulet, curé de Marly, dès qu'il verrait le temps se mettre à l'orage.

Le mercredi 10 mai, entre deux et trois heures de l'après-midi, Coiffier entendit un coup de tonnerre assez fort. Il courut aussitôt à la machine, prit l'excitateur, et, le présentant à la barre de fer, il en vit jaillir une petite étincelle brillante accompagnée d'un faible pétillement. Il renouvela l'expérience quelques instants après, et une seconde étincelle plus forte que la première éclata entre les deux tiges métalliques. Il appela alors les voisins, et envoya chercher le curé, qui s'empressa d'accourir. Les paroissiens, voyant la précipitation de leur digne pasteur, crurent qu'il était arrivé quelque catastrophe, que Coiffier avait été frappé de la foudre; l'alarme se répandit dans le village, et, malgré la grêle qui tombait avec violence, tous les habitants s'élancèrent en foule sur les pas du curé. Celui-ci, arrivant à l'appareil, prit l'excitateur des mains de Coiffier, et tira de la verge de fer plusieurs étincelles qui étaient évidemment d'une nature électrique. La nuée orageuse ne fut pas plus d'un quart d'heure à franchir le zénith de la machine, et il n'y eut point d'autre coup de tonnerre. Dès que l'orage fut passé et que la tige de fer cessa de donner des étincelles, l'abbé Raulet écrivit à Dalibard une lettre contenant le récit de cette mémorable expérience, et la lui fit porter sans délai par Coiffier lui-même.

« Les étincelles, disait-il, étaient de couleur bleue, d'un pouce et demi de longueur et sentant fortement le soufre.» Il répéta l'expérience au moins six fois dans l'espace de quatre minutes, en présence de plusieurs personnes, « chaque expérience durant à peu près le temps d'un *pater* et d'un *ave.* » Dans le cours de ces expériences, il reçut un coup au bras un peu au-dessus du coude, mais sans pouvoir dire s'il venait du fil de laiton inséré dans la bouteille ou de la barre de fer. Il n'y fit pas attention sur le moment ; mais la douleur continuant, lorsqu'il fut rentré chez lui, il découvrit son bras en présence de Coiffier, et il y vit une marque rouge telle que l'aurait pu faire un coup du fil de laiton lui-même sur la peau nue. Coiffier, et d'autres personnes qui s'approchèrent du bon ecclésiastique, lui trouvèrent une odeur de soufre qui persista pendant assez longtemps. De son côté, Coiffier raconta à Dalibard qu'avant l'arrivée du curé il avait, en présence de cinq ou six témoins, tiré des étincelles beaucoup plus fortes que celles dont l'abbé Raulet faisait mention dans son récit.

Huit jours après l'expérience de Marly, Delor eut la satisfaction de voir son appareil s'électriser, bien qu'il n'y eût pas d'orage proprement dit, mais seulement un assez gros nuage qui passa au-dessus de la maison en se dirigeant du sud au nord.

Puis ce fut le tour de Buffon, qui, se trouvant à Montbard, vit, le 19 mai 1752, un nuage orageux passer au zénith de la haute tige élevée par ses soins sur une terrasse de son château ; armé d'un excitateur, le célèbre auteur de l'*Histoire naturelle* tira de cette tige un grand nombre de fortes étincelles.

Le roi Louis XV, ayant entendu parler de ces curieuses expériences, voulut en être témoin, et les fit exécuter en sa présence par Delor, dans une maison de campagne située à Saint-Germain-en-Laye et appartenant au duc d'Ayen.

L'impulsion donnée à Paris se propagea dès lors avec rapidité, non-seulement en France, mais dans toute l'Europe. Parmi les physiciens qui déployèrent le plus de courage et d'activité dans cette sorte de campagne scientifique, nous citerons l'abbé de Mazéas à Paris, Lemonnier à Saint-Germain, le Père Berthier, religieux de l'Oratoire, à Montmorency, de Romas à Nérac; en Angleterre, Canton, Wilson et Bevis; en Allemagne, Boze et le Père Gordon; en Italie, Zanotti, Verrat et Th. Marini à Bologne, M. de la Garde à Florence, et surtout l'illustre Père Beccaria de Turin, un de ceux qui firent le plus avancer l'électrologie; en Russie enfin, Lomonazow, et le professeur Richmann, qui périt victime de son zèle pour la science.

Plusieurs des physiciens qui avaient avant ce dernier répété, en la variant de diverses façons, la mémorable expérience de Marly, avaient éprouvé de violentes secousses ou d'autres phénomènes dont les effets eussent dû les avertir de mettre plus de circonspection dans leurs opérations, et de ne point jouer aussi témérairement avec le feu du ciel. On se rappelle que le curé de Marly avait eu le bras légèrement brûlé. Lemonnier et le Père Berthier furent renversés à terre par les commotions qu'ils reçurent en tirant des étincelles de leur appareil; cependant on persistait à croire que l'expérience ne présentait pas de danger sérieux. Il fallait une catastrophe pour démontrer le contraire et contenir dans les limites d'une sage prudence la hardiesse enthousiaste des investigateurs. Voici quelques détails sur ce funeste événement.

Richmann, professeur de physique d'un grand merite, et membre de l'Académie impériale des sciences de Saint-Pétersbourg, avait établi dans sa maison un appareil semblable à ceux dont on faisait usage à Paris pour étudier l'électricité atmosphérique; mais il avait mis un soin tout particulier à l'isoler de toute communication avec le sol. Une longue tige de fer terminée en pointe et dorée sur toute sa longueur était fixée dans un tube de verre au milieu d'une masse de poix-résine reposant sur le plancher d'une pièce à laquelle le toit de la maison servait de plafond. L'ouverture même qui livrait passage à la barre était garnie d'un manchon de verre, afin que le fluide ne pût s'écouler par la toiture. Richmann, en adoptant ces dispositions, avait en vue de recueillir toute la matière électrique des nuages qui passaient au-dessus de sa machine, et, qui plus est, d'en mesurer la puissance à l'aide d'une sorte d'électromètre de son invention, qu'il désignait sous le nom de *gnomon électrique*. Cette instrument consistait en une baguette de fer plantée dans un petit vase de verre rempli de limaille de cuivre. Au haut de la baguette était attaché un fil qui, lorsqu'elle n'était pas électrisée, pendait verticalement le long de ce support; mais dès qu'on mettait le gnomon en contact avec un conducteur chargé de fluide électrique, le fil s'écartait à une certaine distance, et formait conséquemment avec la tige un angle d'autant plus grand que la charge était plus forte. Un quart de cercle fixé à la baguette de fer servait à mesurer l'ouverture de l'angle.

Le 6 août 1753, Richmann assistait à la séance de l'Académie, lorsqu'un orage éclata sur Saint-Pétersbourg. Il quitta aussitôt sa place pour se rendre chez lui et commencer ses observations, et il dépêcha un employé de l'Académie auprès du graveur Solakow, chargé de dessiner et de graver ses appareils, afin qu'assistant à l'expérience cet artiste fût en état d'exécuter son dessin avec plus d'exactitude.

Lorsque Solakow arriva chez Richmann, l'orage grondait avec violence. Le physicien était debout à une certaine distance de la verge métallique, et tenait à la main son gnomom. L'appareil donnait de vives étincelles. Néanmoins Richmann eut le malheur de s'en approcher jusqu'à n'en être plus qu'à trente centimètres environ. Solakow vit alors la foudre, sous la forme d'un globe de feu bleuâtre, s'élancer de la baguette du gnomom vers la tête de l'expérimentateur, qui tomba aussitôt roide mort. En même temps une vapeur accompagnée d'une forte odeur de soufre se répandit dans la chambre, et le graveur lui-même fut renversé et perdit connaissance. Lorsqu'il revint à lui, il déclara n'avoir pas même entendu la détonation, qui éclata pourtant comme un coup de pistolet, et attira sur le lieu de l'événement Mme Richmann. Celle-ci, en entrant dans le cabinet, vit son mari étendu sur une caisse qui se trouvait là, et tenant encore à la main les débris de son électromètre. Un fil de fer destiné à transmettre le fluide à la baguette avait été brisé en mille pièces, et les morceaux dispersés sur les vêtements de Solakow. Le vase de verre était cassé en deux, et la limaille éparpillée dans toute la chambre. Le chambranle de la porte était fendu, et la porte elle-même avait été jetée dans l'intérieur. On essaya en vain de rappeler Richmann à la vie : les frictions ne purent le ranimer, et on lui ouvrit la veine en deux endroits sans qu'il vînt une goutte de sang. Il en sortit seulement un peu par la bouche lorsqu'on retourna le cadavre la face en dessous pour le frotter. L'autopsie ne laissa voir que quelques lésions en apparence assez légères, et qui ne semblaient pas avoir atteint les organes essentiels à la vie. La cerveau, le cœur, les poumons, les intestins étaient intacts. Il y avait seulement, dans la cavité thoracique, un peu de sang extravasé. Le corps était marqué de nombreuses taches bleues; une tache plus forte et même sanguinolente se voyait au front; le soulier du pied gauche était percé à jour, et en découvrant le pied à cet endroit, on y trouva aussi une marque bleue, ce qui fit croire que la « foudre était entrée par la tête et sortie par ce pied». Enfin la décomposition du cadavre fut si rapide, qu'au bout de quarante huit heures « on eut de la peine à le mettre entier dans le cercueil (1) ».

_____

(1) Priestley, *Hist. de l'électricité*, t. II, p. 219.

CHAPITRE VII

Nouvelles expériences de Franklin. — Le cerf-volant électrique. —
M. de Romas. — Expériences faites par ce physicien à Nérac et à
Bordeaux. — Préjugé populaire contre le cerf-volant électrique. —
Une émeute.

Cependant que faisait le promoteur du grand mouvement dont nous venons d'esquisser quelques-uns des épisodes les plus remarquables? Après avoir jeté négligemment au monde savant ses idées sur l'identité de la foudre et du fluide électrique et indiqué en quelques mots les expériences à exécuter pour vérifier l'exactitude de ses théories, Franklin demeura pendant plusieurs mois dans une inaction dont on a lieu de s'étonner, et qui contrastait d'une manière assez étrange avec l'activité qu'il avait déployée jusque-là dans ses recherches physiques.

« Après avoir publié sa méthode de vérifier son hypothèse touchant la ressemblance de l'électricité avec la matière du tonnerre, dit Priestley, le docteur (Franklin) *attendait qu'on élevât un clocher à Philadelphie pour exécuter ce qu'il avait en vue,* n'imaginant pas alors qu'un barreau de fer pointu de peu de hauteur remplirait aussi bien son dessein (1). »

Ceci, en vérité, n'est point admissible. A qui fera-t-on croire que Franklin, ordinairement si impatient d'exécuter ce qu'il avait une fois conçu, et si ingénieux à se créer des moyens d'expérimentation, fût homme à se croiser nonchalamment les bras et à attendre pour se livrer à des observations de cette importance que la ville de Philadelphie fît construire tout exprès une église surmontée d'un clocher, alors qu'il était si aisé de suppléer à l'aide

(1) *Hist. de l'électricité*, t. Ier, p. 330.

de quelques poutres et perches de bois à l'absence d'un
édifice suffisamment haut? N'est-il pas bien plus probable
que Franklin, ayant eu connaissance de l'empressement
qu'on mettait en Europe à réaliser les essais simplement
indiqués par lui, trouva commode d'attendre les résultats
de ces tentatives, pour en faire son profit s'ils étaient favorables, et en récuser, dans le cas contraire, la responsabilité? Le doute à cet égard n'est guère permis selon nous.

Au dire de Priestley, ce fut en voyant que le clocher ne
se terminait point qu'il perdit patience, et que, demandant
à son esprit fécond en ressources un procédé pour aller
chercher au sein même des nuages la matière de la foudre, il inventa « au mois de juin 1752, un mois après que
les électriciens de France eurent vérifié la même théorie,
mais avant qu'il eût pu rien apprendre de ce qu'ils avaient
fait (1), » il inventa, disons-nous, son célèbre cerf-volant
électrique. Toutefois il paraît démontré que cette idée fut
conçue et réalisée par lui à une date beaucoup plus avancée : au mois de septembre de la même année, c'est-à-
dire plus de trois mois après l'expérience de Marly, dont
Franklin connut certainement tous les détails, bien qu'il
n'en fasse mention nulle part. C'est seulement, en effet,
dans une lettre adressée à Collinson le 19 octobre qu'il
donna la description de son cerf-volant, et des instructions détaillées sur la manière de s'en servir. Or il est
impossible de supposer que, s'il eût construit et essayé
cet appareil au mois de juin, il fût demeuré aussi longtemps sans en rien dire. Il n'est personne qui n'ait entendu parler du cerf-volant électrique de Franklin. Nous
ne pouvons néanmoins nous dispenser de donner quelques détails sur ce sujet, d'autant que les récits qu'on a
publiés de cette expérience l'ont, en général, présentée
d'une façon assez inexacte, en l'accompagnant d'amplifications en l'honneur du physicien américain.

(1) *Hist. de l'électricité*, t. Ier, p. 332.

L'auteur auquel nous empruntons nos renseignements n'est point suspect de malveillance : c'est Guillaume Franklin, le fils de Benjamin et le continuateur de ses Mémoires.

« Ce fut, dit-il, *dans l'été de* 1752 que l'expérience eut lieu. » Ceci est bien vague, et pour savoir s'il faut la placer au commencement, au milieu ou à la fin de cet été, nous sommes obligés de recourir à des inductions tirées de circonstances et de faits dont les dates ne soient point douteuses. Or comme nous l'avons dit ci-dessus, la lettre où B. Franklin décrit pour la première fois son cerf-volant est datée du 19 octobre 1752. Il le décrivit de nouveau dans un mémoire reçu par la Société royale de Londres dans les premiers jours de l'année suivante. Enfin dans sa correspondance, il fixe lui-même au mois de septembre 1752 la date des expériences qu'il fit, à l'imitation de Dalibard et de Delor, avec une barre de fer plantée sur sa maison, et dont le succès, au rapport de Priestley, lui fit penser *bientôt* « qu'au moyen d'un cerf-volant il pourrait se procurer un accès plus sûr et plus facile dans la région où s'engendre la foudre. » Ainsi, d'une part, il ne songe à se servir d'un cerf-volant qu'après avoir réussi avec une tige de fer. D'autre part, il n'expose que dans une lettre du 19 octobre la manière de construire ce cerf-volant et d'en tirer des étincelles. Il est donc clair qu'il n'en fit usage qu'au mois de septembre, sinon même au mois d'octobre, 1752. Revenons maintenant au récit de son fils Guillaume.

« Philadelphie, dit celui-ci, n'offrait alors aucun moyen de faire une pareille expérience (celle de la tige métallique); tandis que Franklin attendait impatiemment qu'on y élevât une *pyramide*, il lui vint dans l'idée qu'il pourrait avoir un accès bien plus prompt et bien plus sûr dans la région des nuages par le moyen d'un cerf-volant ordinaire que par une *pyramide*. » Ainsi Franklin n'aurait point expérimenté la barre de fer pointue, attendant *impatiemment* pour cela qu'on élevât à Philadelphie, non plus un clocher, comme le dit Priestley, mais une *pyra-mide!* Poursuivons.

« Il en fit un, en étendant sur deux bâtons croisés un morceau de soie, qui pouvait mieux résister à la pluie que du papier. Il garantit d'une pointe de fer le bâton qui était verticalement posé. La corde était de chanvre comme à l'ordinaire, et Franklin en noua le bout à un cordon de soie qu'il tenait dans sa main. Il y avait une petite clef attachée à l'endroit où la corde de chanvre se terminait.

« Aux premières approches d'un orage, Franklin se rendit dans les prairies qui sont aux environs de Philadelphie. Il était avec son fils, auquel seul il avait fait part de son projet, craignant le ridicule qui, trop communément pour l'intérêt des sciences, accompagne les expériences non suivies de réussite. Il se mit sous un hangar pour être à l'abri de la pluie. Son cerf-volant étant en l'air, un nuage orageux passa au-dessus; mais aucun signe d'électricité ne se manifestait encore. Franklin commençait à désespérer du succès de sa tentative, quand tout à coup il observa que quelques brins de la corde de chanvre s'écartaient l'un de l'autre et se roidissaient. Il présenta aussitôt son doigt fermé à la clef, et en tira une forte étincelle... Plusieurs étincelles suivirent la première. La bouteille de Leyde fut chargée, le choc reçu, et toutes les expériences qu'on a coutume de faire avec l'électricité furent renouvelées. »

Nous avons déjà parlé longuement dans ce livre des travaux de Franklin, et nous avons payé au génie de ce grand physicien un juste tribut d'admiration. Son analyse de la bouteille de Leyde, ses découvertes sur le pouvoir des pointes, et sur l'identité de la foudre et des phénomènes électriques, enfin l'admirable invention du paratonnerre, qui le place au rang des plus illustres bienfaiteurs de l'humanité, ce sont là des titres de gloire dont rien ne peut amoindrir l'éclat. L'idée même d'aller chercher au sein des nuages la matière fulminante à l'aide d'un cerf-volant est à la fois une des plus hardies et des plus ingénieuses que le zèle de la science ait jamais inspirées. Toutefois nous verrons bientôt qu'il ne fut ni le seul, ni peut-être le premier à la concevoir; et quant à la manière dont il s'y prit pour l'exécuter, nous sommes obligés de reconnaître qu'elle laissait beaucoup à désirer; qu'il n'y déploya pas cet esprit inventif, judicieux et prévoyant dont il avait précédemment donné tant de preuves, et que, pour tout dire, si cette expérience célèbre réussit et ne lui devint pas fatale, il le dut à un concours favorable de circonstances plutôt qu'à l'habileté de ses combinaisons. En effet, on se demande par quelle bizarre inspiration il s'avisa de choisir pour construire son cerf-volant électrique la soie, qui ne conduit point l'électricité; et pourquoi il l'attacha avec une corde de chanvre, mauvais conducteur aussi, qui eût fort bien pu ne lui donner aucun résultat, si la pluie, en la mouillant, ne fût venue à propos pour faire de cette corde un conducteur passable. Il commettait d'ailleurs une grave imprudence en tenant à la main ce conducteur par un court ruban de soie, et en se servant de son doigt pour tirer des étincelles. Si par malheur la tension électrique des nuages eût été ce qu'elle est d'ordinaire dans les nuages orageux, il y a tout à parier que Franklin, l'inventeur du paratonnerre, eût péri foudroyé comme l'infortuné Richmann à Saint-Pétersbourg. Sa sagacité et son adresse habituelles lui firent donc défaut dans cette expérience, que ses admirateurs systématiques ont tant célébrée comme son plus beau titre de gloire, et qui est précisément un des moindres. Mais on a malheureusement de plus sérieux reproches à lui adresser à ce propos. Après tout, sa tentative, bien qu'assez mal conduite, eut le succès qu'il en attendait; et quand même il en eût été autrement, qu'est-ce dans une carrière scientifique aussi bien remplie qu'une expérience manquée? *Quandoque bonus dormitat Homerus.* Le pis est qu'il en tira une va-

nité exagérée et même peu loyale. Il laissa ses partisans
répéter, écrire et imprimer partout que lui seul avait pu
concevoir et exécuter une aussi merveilleuse entreprise ;
que les autres physiciens qui l'avaient réalisée en Europe vers la même époque n'avaient fait autre chose que
l'imiter ; et que tous, sans exception, étaient ses copistes,
sinon ses plagiaires.

Aujourd'hui encore, très-peu de personnes savent que
si Franklin a réellement inventé le cerf-volant électrique,
un autre physicien eut avant lui la même idée, qu'il a
réalisée un peu plus tard, il est vrai, mais d'une façon bien
supérieure, et en a obtenu des résultats encore plus significatifs, non en cachette de peur du ridicule, mais publi-
quement, en présence et avec le concours d'un grand
nombre de personnes ; et que ce physicien était un de nos
compatriotes, le sieur de Romas, lieutenant assesseur au
présidial de Nérac. Le nom de M. de Romas est pourtant
bien loin de mériter l'oubli dans lequel il est tombé. Ce
n'était pas, il est vrai, un savant de profession ; ils étaient,
en somme, assez rares à cette époque, et parmi les hommes
qui dans la seconde moitié du xviiie siècle se distinguèrent par leur zèle actif pour le progrès des sciences, on
en compte plusieurs pour qui cette occupation n'était qu'un
délassement où, si mieux on aime, un exercice intellectuel auquel ils consacraient les loisirs que leur laissaient
des travaux d'un autre ordre. Franklin lui-même, tout le
monde le sait, ne se mit qu'incidemment à l'étude de la
physique. En Allemagne, en Italie, en Angleterre, en
France surtout, le goût des recherches scientifiques était
général parmi la noblesse, le clergé, les gens de robe et
la bourgeoisie éclairée, et nous pourrions citer un grand
nombre de personnes qui s'y livraient avec une ardeur
voisine de l'enthousiasme, non-seulement à Paris et dans
les grandes cités qui étaient alors des capitales du second
ordre, mais jusque dans les petites villes. Nérac, par
exemple, était en 1750 un des foyers les plus animés du

mouvement scientifique. Là quelques hommes de la plus
haute distinction, parmi lesquels figuraient même d'illustres personnages, avait fondé une société, sorte d'a-
cadémie en miniature, où les grandes questions scientifiques qui surgissaient chaque jour étaient examinées,
approfondies, soumises aux épreuves de la discussion et
de l'expérience. L'organisateur de ce cénacle d'esprits
d'élite était le chevalier de Vivens, littérateur et agro-
nome. Il avait groupé autour de lui, entre autres amateurs
sérieux de science et de philosophie, les abbés Guasco et
Venti, le docteur Raulin, les frères Dutilh, le baron de
Secondat, fils du célèbre Montesquieu, qui lui-même prenait souvent part aux travaux de ses doctes amis; enfin
de Romas, que ses fonctions avaient fixé à Nérac, sa ville
natale.

Ce dernier, étant plus spécialement adonné à l'étude de
la physique, devint l'électricien du cénacle. Il approfondit
d'une manière très-sérieuse toutes les questions soulevées
par la découverte du nouveau fluide, répéta avec soin les
expériences les plus intéressantes des physiciens de Paris,
de Londres, de Turin, et adressa à l'Académie des sciences
de Bordeaux plusieurs mémoires intéressants sur l'analogie de la foudre et de l'électricité, sur les barres isolées,
et plus tard sur les moyens de se garantir du tonnerre.
L'exposé de ses recherches sur les barres métalliques isolées forme le sujet d'une série de six lettres à l'Académie
de Bordeaux, et c'est dans la première, en date du 12 juillet
1752, qu'il annonce indirectement, mais en termes sur la
signification desquels aucune équivoque n'est possible,
son projet de lancer un cerf-volant vers les nuages orageux pour connaître leur état électrique. « Je me réserve,
dit-il, de mettre au jour la dernière (idée), *bien qu'elle ne
soit qu'un jeu d'enfant,* lorsque je me serai assuré de la
réussite par l'expérience que je me propose d'en faire. »
Il en avait fait d'ailleurs précédemment confidence au
chevalier de Vivens, aux frères Dutilh et à l'abbé Dugué,

et s'était expliqué vis-à-vis d'eux sur ce qu'il entendait par ce jeu d'enfant, tout en les priant de lui garder le secret, ce qu'ils firent scrupuleusement jusqu'au jour où leur témoignage devint nécessaire à la gloire de leur ami.

Il est donc bien établi, non-seulement que Romas n'emprunta point à Franklin l'idée du cerf-volant électrique, mais qu'il l'eut avant lui, ou tout au moins en même temps. Cette importante question fut, au reste, examinée à fond et résolue péremptoirement en 1764 par Nollet et Duhamel, que l'Académie des sciences de Paris avait chargés de faire une enquête sur ce sujet, et dont le rapport concluait ainsi : « Ayant égard à toutes ces preuves, nous croyons que M. de Romas n'a emprunté à personne l'idée d'appliquer le cerf-volant aux expériences électriques, et qu'on doit le regarder comme le premier auteur de cette invention, jusqu'à ce que M. Franklin ou quelque autre fasse connaître par des preuves suffisantes qu'il y a pensé avant lui. »

Frankin ne réclama point contre cette conclusion, et garda toujours un silence complet relativement à son rival, dont le nom n'est prononcé, non plus que ceux de Dalibard et de Delor, dans aucun de ses écrits.

Pour ce qui est de l'expérience elle-même, de Romas ne put, faute d'orages, la tenter pour la première fois que le 7 mai 1753. Il le fit avec un énorme cerf-volant de dix-huit pieds carrés de surface, attaché à une corde de chanvre; mais, bien que le temps fût très-orageux et que la corde fût mouillée par la pluie, il ne put tirer aucune étincelle de son appareil. Il reconnut sans peine que cet insuccès était dû au peu de conductibilité du chanvre, et s'occupa aussitôt de construire un autre cerf-volant sur la corde duquel il enroula du fil de laiton. Cette corde avait deux cent soixante-quatre mètres de longueur. Un petit cylindre de fer-blanc suspendu à son extrémité remplaçait la clef dont s'était servi Franklin.

L'appareil fut enlevé le 7 juin suivant, sur la prome-

nade publique de Nérac, au moyen d'un cordon de soie de
un mètre quinze centimètres, attaché d'un bout à la corde
du cerf-volant, de l'autre à une sorte de pendule terminé
par une grosse pierre et placé sous l'auvent d'une maison.
Romas avait eu en outre la précaution de s'armer d'un
excitateur consistant en une tige de fer emmanchée dans
un tube de verre, pour tirer les étincelles. Mais les premières qui se produisirent étant très-faibles, il crut pouvoir sans danger présenter le doigt au conducteur, et
son exemple fut suivi par un grand nombre de personnes
qui assistaient à l'expérience avec une vive curiosité. Cela
durait depuis une demi-heure environ, lorsque tout à coup
de Romas, ayant approché de nouveau son doigt du fil
électrisé, reçut à l'improviste une secousse si violente qu'il
faillit en être renversé. Le jeu devenait périlleux ; néanmoins sept ou huit personnes osèrent le continuer, en se
tenant par la main comme dans l'expérience de Leyde, et
lorsque la première présenta son doigt au cylindre de fer-
blanc, elle fut frappée d'une forte commotion, ainsi que
les quatre qui la suivaient immédiatement. L'orage alors
approchait et s'animait rapidement : il ne tombait point
de pluie; mais le ciel était chargé de gros nuages noirs,
et la foudre éclatait et grondait à l'horizon. Romas, com-
prenant que le temps des amusements était passé, et ne
voulant exposer que lui seul aux sérieux dangers de l'expérience, fit éloigner la foule. Il demeura seul assez près
de l'appareil pour pouvoir, en allongeant le bras, en tirer
des étincelles avec son excitateur. Il obtint alors de véritables langues de feu, dont quelques-unes avaient plus de
trente centimètres de long et étaient accompagnées de
craquements qui s'entendaient à deux cents pas à la ronde.
En même temps il sentit au visage ce chatouillement particulier, semblable à celui que causerait une toile d'araignée, et qu'on éprouve souvent lorsqu'on s'approche d'une
machine électrique fortement chargée. C'était un avertis-
sement de redoubler de prudence; car le conducteur était

évidemment enveloppé d'une épaisse atmosphère électrique, qui ne tarda pas à devenir sensible pour tous les
spectateurs par un bruissement continu, semblable au
bruit d'un soufflet de forge, par une forte odeur de soufre,
et même par une sorte de vapeur lumineuse qui entourait
la corde du cerf-volant. En présence de pareils signes,
Romas cria aux assistants de s'éloigner; lui-même se
retira de quelques pas et cessa de tirer des étincelles, tout
en continuant d'observer les phénomènes avec un calme
stoïque. A ce moment, trois longues pailles qui se trouvaient par hasard sur le sol au-dessous du tube de fer-
blanc, subissant tour à tour l'attraction et la répulsion
électriques, commencèrent une véritable danse de pantins, sautillant, voltigeant comme des marionnettes autour
du conducteur. Ce spectacle, qui réjouit fort les curieux,
dura à peu près un quart d'heure. Puis quelques gouttes
d'eau tombèrent, et l'électricité redoubla d'énergie. Romas
recula de nouveau, faisant signe aux assistants de l'imiter.
Il était temps. A peine, en effet, le courageux physicien
s'était-il écarté de deux à trois pas, que trois détonations
successives annoncèrent que l'accumulation du fluide sur
le conducteur avait atteint ses dernières limites. On les
entendit jusqu'au milieu de la ville, et quelques témoins
en comparèrent le bruit à celui que ferait une grosse
cruche en se brisant violemment sur le pavé. La lame de
feu qui jaillit du conducteur dans le même instant avait
la forme d'un fuseau d'un centimètre environ de diamètre.

D'après le rapport de Romas, il n'y eut de foudroyé par
cette décharge que la plus longue des pailles, qui s'éleva
aussitôt le long de la corde, jusqu'à une hauteur de cent
mètres, tantôt attirée, et tantôt repoussée, avec cette circonstance que, chaque fois qu'elle approchait du conducteur, il en partait des langues de feu accompagnées de
craquements plus ou moins forts.

Deux autres explosions eurent lieu encore entre le
cylindre de fer-blanc et quelques menus corps qui se

trouvaient au-dessous, puis l'expérience se termina par la chute du cerf-volant. Un fait remarquable et qui frappa vivement Romas, c'est que pendant tout le temps qu'elle dura, l'orage fut comme suspendu, qu'il n'y eut plus ni éclairs, ni pluie, ni coups de tonnerre jusqu'à la chute du cerf-volant; après quoi les phénomènes orageux recommencèrent. Évidemment les nuages avaient été en partie déchargés par l'appareil, qui avait joué le rôle d'un véritable paratonnerre. Comme le cerf-volant retombait, la corde étant venue à toucher un toit, on crut pouvoir la manier sans danger, et, en effet, on en avait enroulé environ quarante mètres, lorsqu'un coup de vent ayant relevé soudain le cerf-volant, et la corde ayant été éloignée du toit, celui qui la tenait sentit dans les mains un craquement et dans les bras et le corps une secousse qui le forcèrent à tout lâcher.

Le mémoire dans lequel Romas racontait cette belle expérience fut lu dans la séance publique de rentrée de l'Académie de Bordeaux, où il fut accueilli avec un véritable enthousiasme. L'Académie des sciences de Paris, qui en reçut ensuite communication, le fit, sur la proposition de l'abbé Nollet, insérer dans son Recueil des mémoires des savants étrangers, où il parut en 1755.

Le physicien de Nérac renouvela plusieurs fois, de 1753 à 1757, ses expériences sur l'électricité atmosphérique à l'aide du cerf-volant. Il y déploya toujours le même sang-froid, la même intrépidité, la même lucidité d'esprit, et chaque fois il accrut la puissance de son appareil, ou imagina pour le manœuvrer quelque expédient nouveau. C'est ainsi qu'il en vint à employer une corde de cinq cent vingt mètres de long, et à construire, pour la transporter d'un lieu à un autre, l'enrouler, la dévider à volonté, avec le moins de danger possible, un petit chariot portant une machine *ad hoc*. Muni de pareils engins, dont le maniement lui était familier, il obtint des résultats vraiment merveilleux.

« Imaginez-vous, Monsieur, écrivait-il à l'abbé Nollet, le 26 août 1757, de voir des lames de feu de neuf à dix pieds de longueur et d'un pouce de grosseur, qui faisaient autant ou plus de bruit qu'un coup de pistolet ; en moins d'une heure, j'eus certainement trente lames de cette dimension, sans compter mille autres de sept pieds et au-dessous. Mais ce qui me donna le plus de satisfaction dans ce nouveau spectacle, c'est que les grandes lames furent spontanées, et que, malgré l'abondance du feu qui les formait, elles tombèrent constamment sur le corps non électrique (on dirait aujourd'hui, bon conducteur) le plus voisin. Cette circonstance me donna tant de sécurité, que je ne craignis pas d'exciter ce feu avec mon *excitateur*, dans le temps même que l'orage était assez animé ; et il arriva que, quoique le verre dont cet instrument est construit n'eût que deux pieds de long, je conduisis où je voulus, sans sentir à ma main la plus petite commotion, des lames de feu de six à sept pieds, avec la même facilité que je conduisais des lames qui n'avaient que sept à huit pouces. »

A l'époque où ces choses se passaient, les études scientifiques étaient, comme nous l'avons dit, fort suivies parmi la noblesse, le clergé et une partie de la bourgeoisie ; mais le peuple, surtout le peuple des campagnes, lorsque le hasard le faisait assister à quelque grande expérience de physique, n'y voyait qu'un sujet d'étonnement profond, mêlé de terreur, de défiance, quelquefois d'horreur à l'égard des expérimentateurs et même des machines dont ils se servaient. Le premier ballon perdu qu'on lança à Paris en 1785 fut écharpé par les habitants du village où il alla tomber, et qui le prirent pour un monstre diabolique après l'avoir pris pour le cadavre de la lune. Trente ans plus tôt, à un moment où la science expérimentale, à peine née de la veille, n'avait point encore habitué le monde à ses prodiges, le peuple devait être, on le comprend, étrangement impressionné par de semblables spectacles.

Aussi les bonnes gens de Nérac et des environs avaient-ils
fini par concevoir une fort mauvaise opinion d'un homme
qui jouait impunément avec le feu du ciel. En vain M. de
Romas eût mis en avant sa qualité de magistrat et ses
relations de chaque jour avec les personnes les plus re-
commandables de la province et de Paris. Il était atteint
et convaincu d'avoir apprivoisé la foudre; il la tenait en
laisse au bout d'une corde, la faisait descendre inoffensive
vers la terre, sous forme de langues de feu qui sentaient
le soufre. De pareilles œuvres ne pouvaient être, aux yeux
de la foule ignorante et superstitieuse, que le fait d'un
sorcier, d'un damné magicien. Romas passait donc pour
un sorcier. Comme tel, on le redoutait, mais on le détes-
tait. On n'eût peut-être pas osé attaquer sa personne;
mais on se promettait, à la première occasion, de faire
un mauvais parti de sa diabolique machine, à son cerf-
volant. L'occasion un jour se présenta, non à Nérac, mais
à Bordeaux, où son fâcheux renom de sorcellerie s'était
étendu.

C'était en 1759. Romas s'était rendu dans la capitale du
gouvernement de Guyenne et Gascogne, pour y faire des
expériences avec un de ses amis, M. de Tousny, et,
comme d'ordinaire, il devait opérer *coram populo*, sur la
promenade publique. En attendant un temps favorable, il
avait déposé son cerf-volant dans la maison d'un cafetier
établi sur cette promenade. Par malheur, un orage survint
inopinément, et le tonnerre tomba sur la maison même où
s'abritait l'appareil. Qui pouvait l'avoir attiré là sinon la
présence de cette machine maudite? Le peuple, épouvanté,
furieux, s'assemble, se porte avec des cris vers la maison
foudroyée, et menace de tout saccager, d'étrangler le limo-
nadier complice du magicien sans doute, puisque le feu
du ciel, en frappant sa demeure, l'a épargné! Pour sauver
son établissement et peut-être sa vie, le pauvre homme
fut obligé de livrer aux séditieux l'inoffensif châssis de
papier qui en un clin d'œil fut mis en pièces, et la mul-

titude se retira convaincue que par cet acte d'énergie elle
avait sauvé la ville des plus grands malheurs. Romas en
fut quitte pour construire un autre cerf-volant et choisir
à ses expériences un autre théâtre. Lorsqu'il passait dans
les rues de Bordeaux, on s'écartait en se le montrant au
doigt, et les bonnes femmes se servaient de son nom
comme de celui de Croquemitaine, pour faire peur aux
petits enfants qui n'étaient pas sages.

Cependant les recherches et les expériences de Franklin,
de Dalibard, de Romas, répétées, variées et complétées
par un grand nombre de savants en France, en Angleterre,
en Allemagne, en Hollande, en Italie, avaient résolu d'une
manière définitive la grande question de l'identité des
phénomènes orageux et des phénomènes électriques. Les
principes scientifiques, à savoir le pouvoir des pointes et
des conducteurs, la possibilité de décharger les nuages de
leur matière fulminante et de diriger à volonté l'écoulement de cette matière dans le sol, étaient désormais hors
de doute. Il semble qu'après cela l'application pratique de
ces admirables découvertes devait aller de soi et s'accomplir sans obstacle. On va voir cependant qu'il n'en fut pas
ainsi; que, comme tant d'autres bienfaits de la science,
l'invention du paratonnerre fut d'abord traitée par les uns
de folie insigne, par d'autres d'innovation dangereuse;
qu'elle trouva des adversaires même parmi les savants et
dans les pays les plus éclairés du monde, et qu'elle ne
conquit qu'après bien des luttes et des épreuves son droit
de cité parmi les nations civilisées.

CHAPITRE VIII

Remarques sur les travaux de Franklin. — Invention du paratonnerre.
— Sa rapide vulgarisation en Amérique. — Débats qu'elle souleva et
vicissitudes qu'elle éprouva en Angleterre et en France. — Les paratonnerres en boules. — Expériences de Beccaria à Turin. — Hostilité
de plusieurs savants français contre les idées de Franklin. — L'abbé
Nollet et son système des *affluences et effluences.* — Ses lettres sur
l'électricité. — Ses objections contre le paratonnerre. — Erreur de
Franklin. — Théorie du paratonnerre. — L'abbé Poncelet. — Idées
populaires sur le paratonnerre. — Affaire de M. Vissery de Boisvallé
à Saint-Omer. — Adoption générale du paratonnerre.

On se rappelle que, dans le même écrit où il proposait
aux physiciens les expériences à faire pour vérifier son
hypothèse relativement à l'électricité atmosphérique,
Franklin s'était exprimé de la manière la plus formelle
sur les avantages que le pouvoir des pointes pourrait procurer aux hommes, en les engageant à fixer au sommet
du toit des édifices et des mâts des navires des verges de
fer aiguës, dorées à la pointe et communiquant avec le
sol ou avec l'eau par un conducteur métallique.

Quelques années après, les expériences exécutées à
l'aide des barres métalliques et des cerfs-volants par les
électriciens d'Europe et par Franklin lui-même, transfor-
maient en certitude parfaite la croyance émise par ce dernier sous une forme encore dubitative.

Le trait dominant du caractère de Franklin était une
prudence qui ne se démentit jamais, et le préserva constamment dans sa carrière industrielle et politique des
fausses démarches, des théories hasardées, et en général
de ce qu'on nomme communément des *écoles.*

Nous l'avons vu n'exposer ses théories et ses hypothèses
sur les phénomènes électriques qu'avec une extrême réserve, en écartant avec soin les tournures de langage
trop affirmatives. Nous l'avons vu n'exécuter ses expé-

riences que dans les conditions les plus favorables, avec
des instruments sûrs et des auxiliaires intelligents, et
surtout ne les rendre publiques que lorsqu'il était certain
qu'on n'en pouvait ni renverser les principes, ni contester
les résultats. S'agissait-il, non plus d'une théorie ou
d'une simple expérience, mais d'une invention de haute
portée, de la solution pratique d'un grand problème, il
l'exposait seulement en quelques mots, sans paraître y
attacher beaucoup d'importance ; puis il *laissait venir*,
ne prenant part aucunement aux discussions soulevées
par lui-même, mais écoutant ou lisant avec attention ce
qu'on disait ou ce qu'on écrivait sur ce sujet, faisant la
balance du pour et du contre, suivant des yeux les essais
que d'autres ne manquaient pas d'exécuter, et attendant
pour se mettre lui-même à l'œuvre que la victoire fût
gagnée d'avance. Tel fut l'habile procédé auquel il eut
recours pour lancer dans le monde scientifique la plus
hardie et la plus belle de ses découvertes, l'invention
du paratonnerre.

Il la formula en une seule phrase modestement terminée par un point d'interrogation ; et il attendit, en affec-
tant de donner son attention à d'autres recherches qui ne
se rattachaient à celle-là qu'indirectement ; ne répondant
point à ses adversaires, s'abstenant de soutenir ses partisans, et assistant de loin au débat d'un air d'indifférence.
Puis, lorsque tous les points de la question furent complétement éclairés par la discussion et l'expérience, et que
la conclusion se fut produite, pour ainsi dire, d'elle-
même telle qu'il l'avait prévue, il n'eut plus qu'à la res-
saisir comme sienne et à la transformer en un fait matériel, visible et palpable pour tous. En 1760, le premier
paratonnerre fut établi par ses soins à Philadelphie, sur
la maison d'un marchand nommé West. C'était une verge
de fer d'environ 3 mètres 15 centimètres de long, ayant
à la base 15 millimètres de diamètre, et qui allait en
s'amincissant jusqu'à l'extrémité supérieure. Un fil de

même métal, de 7 à 8 millimètres seulement d'épaisseur et long de 30 centimètres, était soudé à la partie inférieure de cette tige et communiquait avec une chaîne descendant jusqu'à une profondeur de 1 mètre 50 dans le sol. Ce paratonnerre venait à peine d'être installé, qu'un orage survint et que la foudre éclata sur la maison; mais ce fut l'appareil protecteur qui reçut la décharge. Sa pointe fut fondue, et par un effet assez bizarre du passage du fluide la tige de fer qui joignait le paratonnerre au conducteur fut réduite de 30 à 22 centimètres de longueur; mais la maison ne fut nullement endommagée.

Ce fait prouvait mieux qu'aucun raisonnement l'excellence de l'invention. Franklin lui-même, voulant montrer quelle confiance il avait dans l'efficacité des paratonnerres, en fit placer un sur sa propre habitation; son exemple fut bientôt suivi par la grande majorité de ses concitoyens, non-seulement à Philadelphie, mais dans la plupart des autres villes de l'Amérique anglaise.

« En 1782, dit M. Figuier (1), il existait déjà à Philadelphie un nombre considérable de paratonnerres. Sur quatre mille huit cents maisons dont se composait la ville, on comptait au moins quatre cents paratonnerres. Tous les édifices publics en avaient été munis; un seul faisait exception : c'était l'hôtel de l'ambassade de France (2). Le 27 mars 1782, un orage éclata sur la ville et tomba précisément sur cet hôtel. Il y occasionna divers ravages, et frappa un officier français, qui mourut au bout de quelques jours. On ne manqua pas après cet événement de placer un paratonnerre sur l'hôtel, qui depuis lors fut épargné par la foudre. »

En 1787, la maison de Franklin fut à son tour atteinte

(1) *Histoire et exposition des principales découvertes scientifiques modernes*, t. IV, p. 242 (le Paratonnerre).

(2) Nous ferons connaître tout à l'heure les causes qui firent longtemps hésiter les Français à adopter le paratonnerre.

par le feu du ciel. Franklin était alors absent, et n'apprit l'événement qu'à son retour.

« Je trouve en revenant dans ce pays, écrivait-il sur ce sujet à un de ses amis, M. Landriani, que le nombre des conducteurs y est fort augmenté, l'utilité en ayant été démontrée par plusieurs épreuves de leur efficacité à préserver les bâtiments de la foudre. Entre autres exemples, ma maison fut un jour frappée d'un violent coup de tonnerre. Les voisins, s'en étant aperçus, accoururent sur-le-champ pour y porter du secours, au cas que le feu y eût pris; mais il n'y avait aucun dommage, et ils trouvèrent seulement ma famille fort effrayée de la violence de l'explosion. »

« Nul n'est prophète en son pays, » dit un proverbe; ce proverbe est français et paraît aussi tout particulièrement applicable à notre beau pays, où il n'y a guère d'exemple qu'un inventeur ait réussi à se faire écouter. Mais en Angleterre et aux États-Unis notre proverbe n'a plus de sens, et c'est le cas de dire, en paraphrasant un mot célèbre : « Vérité en deçà de l'Océan, erreur au delà. » Autant, en effet, nous nous montrons incrédules et ingrats envers ceux de nos compatriotes qui ont la naïveté de nous faire hommage des œuvres de leur génie; autant les Anglais et les Américains manifestent d'empressement à encourager, à honorer et à récompenser leurs grands hommes, et à mettre à profit toutes les inventions utiles qui leur sont offertes, de quelque part qu'elles viennent.

Franklin jouissait déjà parmi ses concitoyens d'une grande popularité conquise par sa vie laborieuse, sa probité, son dévouement aux intérêts publics, et par son admirable aptitude à tous les travaux de l'esprit. Ses découvertes sur l'électricité l'avaient placé au premier rang parmi les physiciens de son pays et du monde entier, et tous ceux qui le connaissaient de près ou de loin avaient également confiance dans son bon sens pratique, dans la solidité de son jugement et dans la profondeur de son

savoir. Aussi n'eut-il qu'à affirmer l'efficacité des paratonnerres pour que ces appareils fussent promptement et
généralement adoptés en Amérique. Dans des circonstances ordinaires, il y a toute probabilité que l'Angleterre ne fût pas restée en arrière de ses colonies, et qu'elle
eût accueilli, sinon avec enthousiasme, au moins avec
impartialité, une invention dont les résultats salutaires
étaient établis par la théorie et confirmés par l'expérience.
Mais les passions politiques, qui jamais ne devraient être
mêlées dans les débats scientifiques, commençaient à fer-
menter entre des colonies anglaises luttant pour la défense de leurs franchises et la métropole jalouse de maintenir son autorité.

La lutte qui devait bientôt aboutir à la séparation de ces
deux parties d'un grand empire et à la proclamation de
l'indépendance des États-Unis était engagée, et l'on sait
que Franklin y fut un des premiers, des plus habiles et des
plus redoutables champions de la cause des *insurgents*. Il
n'en fallut pas davantage pour que l'animosité soulevée
dans une partie de la nation anglaise contre les principes
politiques qui avaient dirigé sa conduite s'étendît jusqu'à
ses opinions scientifiques, et lui suscitât des adversaires
acharnés. En tête de ces derniers se plaça le roi George III
lui-même, et ce fut à l'instigation de ce monarque qu'un
certain nombre de physiciens se mirent à battre en brèche
le système du philosophe américain. Ils ne nièrent point
toutefois la possibilité de garantir les édifices des atteintes
de la foudre à l'aide de conducteurs électriques; mais
par une inconséquence assez bizarre ils soutinrent que
ces conducteurs devaient être terminés non par une
pointe aiguë, comme le prétendait Franklin, mais par une
boule. Cette nouvelle théorie fut savamment développée
dans plusieurs mémoires par des électriciens recomman-
dables; et le roi George donna l'exemple de l'application
en faisant élever sur son palais plusieurs tiges de fer terminées par des boules de cuivre poli.

Ajoutons pour l'honneur des savants de cette époque que les paratonnerres en boule obtinrent, partout ailleurs qu'en Angleterre, un très-médiocre succès, et furent vivement attaqués par la plupart des physiciens de France, d'Allemagne et d'Italie, qui pourtant n'étaient pas parfaitement d'accord entre eux. En France, on crut peu d'abord aux paratonnerres, non que l'on niât leur action sur les nuages orageux, mais parce qu'on leur attribuait la propriété d'attirer la foudre plutôt que de l'éloigner; or c'était là encore un hommage rendu au pouvoir des pointes, contesté par les physiciens anglais, et, la question étant prise sous ce point de vue, nos compatriotes devaient nécessairement arriver à cette conclusion que, si les paratonnerres en pointe étaient dangereux, tout ce qu'on pouvait accorder aux paratonnerres à boule, c'était de l'être moins, à la rigueur de ne l'être pas, mais non de jouir d'aucune propriété préservatrice. Nous reviendrons, du reste, dans un instant, sur l'opposition que rencontra en France, pendant quelques années, la belle invention de Franklin. Terminons d'abord ce qui est relatif à l'éphémère apparition des paratonnerres à boule.

Le coup qui les renversa partit de Turin, et leur fut porté par un illustre physicien dont nous avons déjà prononcé le nom, par le Père Beccaria. Jugeant avec raison que l'expérience pouvait seule trancher le débat et réduire au silence les adversaires du pouvoir des pointes, Beccaria fit dresser sur un même bâtiment, à peu de distance l'une de l'autre, deux verges de fer égales en diamètre et en hauteur, et munies chacune d'un conducteur, mais dont l'une se terminait en pointe, tandis que l'autre était munie d'une boule à son extrémité. Les chaînes servant de conducteurs pouvaient être interrompues en un certain point, de manière à supprimer pendant quelques instants l'écoulement du fluide dans le sol, et à permettre de tirer des étincelles de la partie restée en communication avec la verge métallique. Les choses étant ainsi disposées, le

Père Beccaria n'eut pas de peine à constater que, sous l'influence des nuages orageux, les deux paratonnerres étant isolés en même temps, celui qui était terminé en pointe donnait à l'excitateur de fortes étincelles, tandis que l'appareil terminé par une boule n'en donnait que de très-faibles ou n'en donnait pas du tout, et que par conséquent son action pour neutraliser le fluide des nuages était insignifiante ou nulle. L'argument était sans réplique; il mit fin à la discussion, et personne n'osa plus prendre la défense des paratonnerres à boule.

Disons maintenant quelles causes retardèrent parmi nous l'adoption du paratonnerre. Ces causes, on le pense bien, n'eurent rien de politique. Lorsque les Américains entreprirent de secouer le joug britannique, ils trouvèrent en France non-seulement les plus vives sympathies, mais encore un énergique appui et un concours chevaleresque, et l'on sait avec quel enthousiasme Franklin fut accueilli à Paris et à Versailles, lorsqu'il y fut envoyé par ses concitoyens pour conclure avec le roi Louis XVI un traité d'alliance au nom du congrès des États-Unis. On se rappelle aussi quel succès avaient obtenu auprès des savants français les plus éminents ses lettres sur l'électricité, quelle admiration excitèrent parmi eux ses découvertes, et comment ils s'empressèrent à l'envi de les vérifier par des expériences. On n'a pas oublié enfin que ces expériences, exécutées presque simultanément à Marly, à Paris, à Montbard et ailleurs, avaient pleinement confirmé les hypothèses de Franklin, et donné une haute autorité à ses opinions en fait d'électricité.

On a donc lieu de s'étonner qu'un revirement si subit se soit opéré à son égard parmi les savants et le public français, et qu'après avoir accepté presque sans examen les prémisses théoriques posées par lui on se soit montré si défiant à l'endroit des conclusions pratiques qu'il en tirait. Cette inconséquence avait pourtant sa raison d'être, ainsi qu'on va le voir. Les obstacles que rencontra en

France l'*importation* du paratonnerre eurent deux ori-
gines bien distinctes, à savoir : d'une part, les erreurs
des savants ; d'autre part, les préjugés du vulgaire.

Commençons par les savants.

Nous avons dit que leur répugnance à adopter les idées
de Franklin relativement à l'utilité des paratonnerres
n'avait eu rien de politique. Nous n'oserions pourtant
affirmer que l'amour-propre national y fût complétement
étranger. A eette époque, où les factions politiques n'existaient pas encore en Europe, telles du moins qu'elles se
sont formées depuis, les littérateurs, les philosophes et
les savants formaient des partis très-tenaces dans leurs
systèmes respectifs, très-ardents à la défense de leurs opinions, et qui, comme tous les partis possibles, se laissaient
facilement entraîner à mêler des questions de rivalité
personnelle à la discussion des principes scientifiques,
littéraires ou philosophiques.

Les électriciens du monde entier étaient tous demeurés
parfaitement d'accord, tant que leur œuvre commune
n'avait consisté qu'à produire, à observer et à enregistrer
des phénomènes. Mais lorsqu'à cet âge d'or, à cette période primitive et purement empirique de la science, avait
succédé la période de réflexion; lorsque sur leurs observations et leurs expériences les physiciens s'étaient mis à
édifier des théories, un germe de division, de discorde,
s'était développé dans la république des sciences; dès
écoles, des sectes, des partis s'étaient groupés autour d'un
petit nombre de chefs, et la lutte avait commencé : lutte
pacifique, Dieu merci ! dans laquelle il n'y eut de répandu
que de l'encre sur du papier, et qui, loin de semer,
comme les dissensions civiles et les guerres internatio-
nales, le deuil, la misère et la désolation parmi les peuples,
n'eut que des résultats salutaires et se termina par le
triomphe de la vérité.

A la théorie de Dufay, devenue insuffisante pour rendre
compte des phénomènes observés à Leyde par Musschen-

brœk, Franklin, en s'appuyant sur ses propres expériences, avait opposé celle du *fluide unique*. A la théorie du fluide unique l'abbé Nollet opposa celle des *affluences et effluences simultanées*. Personne aujourd'hui ne se doute de ce que pouvaient être, dans l'esprit de Nollet, ces affluences et ces effluences; et la prédilection que tout auteur est nécessairement porté à accorder à ses créations pouvait seule faire illusion au bon abbé sur la valeur réelle de cette théorie renouvelée des hypothèses de l'ancienne école. C'était, il faut le dire, la seule chose que l'abbé Nollet eût jamais imaginée, la seule idée qui fût de lui et de lui seul. Il jouait de malheur, comme on voit; mais on tient à son enfant et on l'aime quel qu'il soit, intelligent ou stupide, bien fait ou difforme. L'abbé Nollet aimait donc son système, et par conséquent il ne pouvait aimer un système opposé, les deux étant incompatibles, et l'un devant être nécessairement tué par l'autre. On comprend donc qu'il ait soutenu toute sa vie, *quand même*, les affluences et effluences contre le fluide unique, et qu'il ait été entraîné par la tyrannie de sa cause à se déclarer l'adversaire de Franklin.

Or l'abbé Nollet était alors en France le chef unanimement reconnu et justement estimé du mouvement scientifique ayant pour objet l'électricité. Fils de pauvres paysans, il s'était élevé par son seul mérite à une position beaucoup plus honorable que lucrative. Modeste, désintéressé, laborieux, il s'était concilié par ses vertus la sympathie de tous. Il avait d'ailleurs rendu aux sciences physiques, et particulièrement à celle de l'électricité, des services réels comme professeur et vulgarisateur. Il avait été le premier à faire connaître et à répéter en France l'expérience de Musschenbrœk, et les physiciens de Paris et des provinces, initiés par lui aux études nouvelles qui les avaient si vivement passionnés, s'étaient depuis lors habitués à accorder à son opinion, dans les questions difficiles, une importance prépondérante.

L'abbé Nollet, nous le répétons, méritait à beaucoup d'égards cette déférence flatteuse, qui n'excita jamais en lui le moindre sentiment de vanité ou de hauteur. Personne ne déployait pour l'avancement de la science un zèle plus actif et plus intelligent; et dans plus d'une circonstance il fit preuve d'une sûreté de jugement et d'une netteté de vues vraiment remarquables. Nous en avons donné un exemple en citant le passage de ses *Leçons de physique expérimentale* où, antérieurement aux découvertes de Franklin, il avait établi hypothétiquement, d'une manière si claire et avec tant de logique, toutes les probabilités tendant à faire regarder le fluide orageux et la matière électrique comme une seule et même chose. Après cela, certes, on n'avait pas lieu de s'attendre à voir Nollet exécuter soudain un mouvement de volte-face, et, tout en proclamant bien haut la vérité du principe fondamental entrevu naguère par lui-même et sur lequel il n'y avait plus de dispute possible, contester le pouvoir des pointes et nier l'efficacité du paratonnerre. On s'étonne aussi, à bon droit, que cette inconséquence du savant ecclésiastique n'ait pas frappé d'abord tous les physiciens français de son temps. Quelques-uns, à la vérité, reconnurent qu'il faisait fausse route et soutinrent contre lui la doctrine du philosophe américain; *Amicus Plato*, pouvaient-ils dire, *sed magis amica veritas*. Mais plusieurs, soit que leur affection personnelle pour le bon professeur du collége de Navarre nuisît à leur impartialité; soit que, peu capables de se former par eux-mêmes une opinion, ils trouvassent plus facile d'adopter celle d'un savant distingué dont chaque jour ils entendaient la parole ou lisaient les écrits; soit enfin qu'ils se laissassent dominer, peut-être à leur insu, par un sentiment d'amour-propre national; plusieurs, disons-nous, se réunirent à l'abbé Nollet pour combattre les idées de Franklin et s'opposer à l'adoption du paratonnerre.

Ce fut dans des *Lettres sur l'électricité*, publiées en 1752, que le physicien français, s'adressant à son adversaire, entama la polémique et fit jouer, si l'on veut bien nous permettre cette métaphore, ses plus fortes batteries contre le pouvoir des pointes et l'action préservatrice des conducteurs métalliques.

« L'expérience de Marly-la-Ville, dit-il, apprend à notre siècle et à ceux qui le suivront que le tonnerre et l'électricité sont deux effets qui procèdent du même principe, puisque le fer isolé et exposé en plein air, lorsqu'il tonne, devient par là en état de représenter tous les phénomènes qu'il a coutume de faire voir lorsque nous l'électrisons par le moyen des verres frottés. Mais croyez-vous, Monsieur, que ce fait mémorable signifie autre chose? Êtes-vous bien sérieusement persuadé que *le tonnerre soit maintenant au pouvoir des hommes*, comme on nous l'assure ; que nous puissions le dissiper à volonté, et qu'une verge de fer pointue, telle que vous nous l'avez indiquée, telle qu'on l'a employée, suffise pour décharger entièrement de tout son feu la nuée orageuse vis-à-vis de laquelle il se dresse! Pour moi, je vous l'avoue sans façon, je n'en crois rien : premièrement, parce que je vois une trop grande disproportion entre l'effet et la cause ; secondement, parce que le principe sur lequel on s'appuie pour nous le faire croire ne me paraît pas solidement établi.

« En effet, quelle apparence y a-t-il que la matière fulminante contenue dans un nuage capable de couvrir une grande ville se filtre, dans l'espace de quelques minutes, par une aiguille grosse comme le doigt ou par un fil de métal qui servirait à la prolonger? A quiconque aurait assez de crédulité pour se prêter à une pareille idée, ne pourrait-on pas proposer aussi d'ajouter de petits tubes le long des torrents pour prévenir les désordres de l'inondation? S'il ne fallait que des corps pointus et éminents pour nous garantir des coups de tonnerre, les flèches des clochers ne suffiraient-elles pas pour nous procurer cet avantage? Car, outre que la plupart ont une croix dont

6

les bras sont presque toujours terminés en pointe, ce que l'on met au bout est si peu de chose par rapport à la grandeur des objets, que ces édifices sont plus pointus vis-à-vis d'un nuage qu'une aiguille à coudre ne peut l'être à l'égard d'une barre électrisée. Cependant on sait de tout temps que la foudre ne les respecte guère, non plus que la cime la plus aiguë des montagnes. »

L'abbé Nollet tombe ici dans ce paralogisme que les rhéteurs appellent dénombrement incomplet. Il ne tient compte que d'une partie des faits, il s'appuie sur des phénomènes apparents qui semblent donner de la force à ses assertions, et il perd complétement de vue l'autre partie, beaucoup plus importante, qui détruirait son raisonnement. Et d'abord nul ne prétendait qu'*une seule* verge de fer pointue fût suffisante pour décharger entièrement de tout son feu, en quelques minutes, une nuée orageuse capable de couvrir une grande ville. Franklin et ses adhérents ne voyaient dans les tiges de fer qu'un moyen d'opérer doucement et sans danger, sur un point donné, la décharge électrique, qui sans cela pouvait s'effectuer violemment et occasionner de graves accidents. Ils pensaient aussi avec raison, comme l'expérience l'a démontré depuis un siècle, qu'en multipliant suffisamment les paratonnerres sur un grand édifice ou même sur une ville, on pouvait garantir d'une manière presque absolue cet édifice ou cette ville des atteintes de la foudre. Quant à la disproportion que l'abbé Nollet signalait entre l'effet et la cause, elle n'est pas aussi grande qu'il la croyait; car telle est la rapidité de transmission du fluide électrique, qu'il s'en peut écouler une énorme quantité, dans l'espace de quelques minutes, entre deux corps mis en communication à l'aide de conducteurs pointus d'un très-petit diamètre. Enfin son argument basé sur ce que les clochers des églises et les pics des montagnes sont souvent frappés du tonnerre péchait par la base. Ces objets, en effet, sont dans des conditions très-fâcheuses et fort exposés à être

foudroyés, tant à cause de leur forme que de leur élévation : sous l'influence des nuages électrisés positivement,
par exemple, qui passent à leur zénith, le fluide négatif
s'y accumule sans qu'aucune communication lui permette
ni de s'écouler vers le nuage pour y neutraliser peu à peu
le fluide positif, ni d'attirer ce dernier et de le conduire
dans le sol. L'accumulation continue donc, et la tension
augmente de part et d'autre jusqu'à ce qu'elle atteigne un
degré tel, que la recomposition des deux fluides s'effectue
d'un seul coup et nécessairement avec une violence
extrême. Le contraire a lieu si les parties les plus ardues
des monuments, des maisons ou des montagnes sont surmontées de verges métalliques terminées en pointe et
communiquant avec les couches humides du sol par des
conducteurs métalliques. Le fluide négatif ne peut alors
s'accumuler à leur sommet ; à mesure qu'il y est attiré, il
s'écoule pour aller neutraliser le fluide positif du nuage,
et l'équilibre s'établit insensiblement entre ce dernier et
le *réservoir commun*, qui est la terre. Douze ans après la
publication des lettres de l'abbé Nollet, un de ses disciples,
homme de mérite d'ailleurs, l'abbé Poncelet, dans un
ouvrage intitulé : *La Nature dans la formation du tonnerre
et la reproduction des êtres vivants, pour servir d'introduction aux vrais principes de l'agriculture*, soutenait à peu
près la même thèse que son maître, et en tirait des conséquences encore plus étranges.

« Je prétends, dit-il, qu'en multipliant les barres
on court risque de produire un effet tout contraire à
celui qu'on se propose. Car enfin, en cherchant ainsi à
attirer le phlogistique, il peut *tomber en si grande quantité* dans les lieux où sont posées ces barres, *qu'il résultera de cette chute* les orages *les plus étranges et les plus
inévitables*. Et n'est-ce pas ce qu'on a vu arriver cent et
cent fois aux clochers terminés en flèche? Bien loin donc
d'avoir recours à cette sorte de moyen pour éviter le tonnerre, je voudrais au contraire qu'on fît un règlement de

police par lequel il serait défendu de faire désormais des
constructions de cette espèce. Conséquemment tous les
édifices un peu élevés seraient terminés par des formes
convexes ou approchantes, ou tout au moins présenteraient
de très-larges surfaces. Par la même raison, je voudrais
qu'il fût défendu de planter des arbres de haute tige à la
proximité des habitations. J'en atteste encore sur cela
l'expérience, qui nous apprend que les arbres fort élevés
font la fonction de pointes, et attirent fréquemment le
tonnerre. »

Il ressort de ce passage : premièrement, que l'abbé Poncelet, eu égard même au temps où il écrivait, n'avait
que des notions superficielles en fait d'électricité, puisqu'il confond ce fluide avec le *phlogistique*, autre fluide
fantastique qui fit commettre tant d'erreurs aux chimistes
et aux physiciens de ce temps-là ; deuxièmement, qu'il
avait mal compris la théorie et les expériences de Franklin,
de Dalibard, de Romas et des autres électriciens ses contemporains, lesquels n'avaient en aucun cas prétendu ni
voulu prouver que les pointes *attiraient* la foudre et les
orages, mais seulement qu'elles servaient bien à conduire
l'électricité d'un corps à un autre. Enfin le *phlogistique
qui tombe*, la *chute du phlogistique*, étaient des expressions
sans objet, qui ne représentaient aucun phénomène réel
ni même apparent, et ne prouvaient absolument rien, sinon que l'auteur s'entendait fort peu aux choses dont il
parlait.

Malheureusement il était difficile alors de réfuter logi-
quement des objections de ce genre. Franklin et ses
adhérents avaient cent fois raison en fait contre leurs adversaires ; mais en théorie ils se faisaient eux-mêmes une
fausse idée du rôle des pointes et des verges métalliques,
et leur attribuaient à tort la propriété de *soutirer le feu*
des nuages orageux. Ils ne pouvaient donc opposer aux
erreurs de Nollet et de Poncelet qu'une hypothèse plus
ingénieuse, mais non moins fausse, et leur seule res-

source était de se retrancher dans la pratique, de démontrer par des faits là réalité de leurs observations, d'imiter en un mot ce philosophe grec qui, à bout d'arguments pour prouver le mouvement, se mit à marcher. Mais comment arriver à la pratique, c'est-à-dire à l'adoption des paratonnerres? comment oser même prendre l'initiative d'une telle innovation, que les préventions des savants les plus accrédités, les préjugés et les superstitions de la foule s'accordaient à présenter comme absurde et dangereuse? L'entreprise paraissait si hasardeuse, que personne ne l'osa tenter en France jusqu'en 1782, malgré les efforts d'un petit nombre de physiciens hardis, parmi lesquels nous devons citer deux membres de l'Académie des sciences, Leroy et Charles. Ce dernier était le même qui construisit et monta trois ans plus tard le premier ballon à gaz hydrogène. Enfin, en 1782, les expériences qui se multipliaient en Amérique depuis trente ans avec des résultats constamment favorables ne pouvant plus laisser aucun doute dans les esprits impartiaux, on vit des paratonnerres se dresser çà et là sur quelques églises et sur quelques habitations appartenant à des personnes de la noblesse ou de la bourgeoisie éclairée.

A Paris, la chose ne fit qu'une médiocre sensation et fut généralement approuvée. Il en fut de même dans les grandes villes, où les sciences étaient cultivées, et même dans les campagnes, où les paysans ne se permettaient guère de censurer les actes de leurs curés et de leurs seigneurs, et se contentaient de murmurer : « C'est une drôle d'idée, de planter une lance en fer sur la paroisse ou sur le château, pour *tuer le tonnerre;* mais M. le curé ou M. le marquis sait mieux que nous ce qui est bon ou mauvais : cela ne nous regarde pas. »

Ce fut dans les petites villes que la population et même les autorités se montrèrent les plus hostiles au nouvel appareil, qui souleva dans certaines localités des émeutes, des mesures arbitraires et même des procès. L'affaire de

ce genre qui eut le plus de retentissement fut celle de
Saint-Omer (1783).

Un gentilhomme de cette ville, M. Visseri de Boivallé,
avait fait placer sur son hôtel un paratonnerre; mais ce
paratonnerre, au lieu d'être une simple barre de fer sans
ornement et sans prétention symbolique, avait la forme
ambitieuse d'une longue épée dont le pommeau reposait
sur un globe doré, et dont la pointe se dressait vers le
ciel. La vue de cet appareil causa dans la ville un véritable
soulèvement. On accusait l'imprudent gentilhomme d'im-
piété; on voyait dans cette épée un emblème sacrilége, un
défi insensé à l'adresse de Dieu même, alors qu'en réalité
elle ne menaçait et ne défiait que les nuages orageux, des
amas flottants de vapeur aqueuse chargés d'électricité.
On s'écria de toutes parts que cet engin, si on n'en faisait
prompte justice, ne pouvait manquer d'attirer sur la ville
les plus grands malheurs. Des attroupements se formèrent, et il y eut à Saint-Omer une émeute analogue à celle
qu'avait provoquée à Bordeaux le cerf-volant de Romas.
L'autorité municipale intervint; mais, au lieu de réprimer
la sédition et de protéger M. de Boisvallé, elle rendit un
arrêté qui enjoignait à celui-ci de faire disparaître sans
délai du faîte de sa maison l'appareil qui excitait l'indi-
gnation et les craintes des honnêtes citadins. M. de Boisvallé, trouvant l'ordre arbitraire, refusa de s'y soumettre,
et la question fut portée devant le tribunal d'Arras. Après
un assez long débat, qui fut suivi avec une vive curiosité,
les magistrats donnèrent gain de cause à M. de Boisvallé;
le paratonnerre fut maintenu, et les habitants de Saint-
Omer s'accoutumèrent peu à peu à le regarder sans horreur, voyant qu'il n'en résultait rien de fàcheux pour la
sécurité et la prospérité du pays. Un jeune avocat de
vingt-quatre ans, fort obscur alors, avait porté la parole
au nom de M. Visseri de Boisvallé. Cette affaire le mit
en relief et répandit en France son nom, qui devait

acquérir plus tard une si terrible célébrité. Il s'appelait Maximilien Robespierre.

L'admission des paratonnerres en Suisse avait rencontré des obstacles à peu près semblables ; cependant la population, plus paisible et plus réservée, s'était bornée à manifester des inquiétudes, sans se porter aux mêmes excès que dans nos bonnes villes du Nord et du Midi. Ce fut l'illustre Théodore de Saussure qui le premier fit installer un paratonnerre sur sa maison à Genève, en 1771. Pour calmer l'émotion qui se manifesta aussi parmi ses concitoyens et surtout parmi ses voisins, il trouva que le mieux était de les éclairer. Il écrivit donc aussitôt et fit imprimer un opuscule sur l'*utilité des conducteurs électriques*; ce petit livre était donné gratis à tous ceux qui en faisaient la demande.

En France, la théorie du paratonnerre fut formulée et publiée en 1783, sous les auspices de l'Académie de Dijon, par Guyton de Morveau et Maret ; mais le savant qui dirigea la construction et la pose des premiers appareils à Lyon d'abord et dans les principales villes du Midi, puis à Paris même, ce fut l'abbé Bertholon, professeur des états généraux de la province de Languedoc, et l'un des physiciens les plus distingués de la fin du siècle dernier. C'est à lui que revient réellement le mérite d'avoir introduit, propagé et vulgarisé en France les bienfaits de la belle invention de Franklin.

En 1784, le gouvernement français fit placer des paratonnerres non-seulement sur la plupart des grands édifices publics, sur les arsenaux, magasins et poudrières, mais encore sur plusieurs vaisseaux de la marine royale. L'exemple de cette mesure avait été donné, dès 1778, par la sérénissime République de Venise. Les premiers navires français dont les mâts furent armés de pointes et de chaînes métalliques furent *l'Astrolabe*, *l'Étoile*, *la Résolution*, *l'Expérience* et *la Boussole*.

En Prusse, le roi Frédéric II soumit la question du paratonnerre à son Académie, qui rendit une réponse favorable. Le roi autorisa en conséquence ses sujets à hérisser leurs maisons d'autant de pointes que bon leur semblerait; mais il ne voulut point qu'on en élevât sur ses propres palais.

L'Angleterre fut la dernière à renoncer à ses préventions et à reconnaître l'utilité des paratonnerres. Il fallut pour cela que ses rancunes politiques contre Franklin eussent eu le temps de s'apaiser. L'initiative de cet acte de justice et de bon sens fut prise, en 1788, par le chapitre de Saint-Paul, qui, après avoir consulté la Société royale, fit élever sur la grande église métropolitaine de Londres un paratonnerre sans boule. On en établit ensuite sur Buckingham-Palace, puis sur les principaux édifices de Londres.

L'Angleterre avait donc abjuré ses erreurs. L'abbé Nollet était mort. « Il vécut assez, dit Franklin dans ses Mémoires, pour se voir le dernier de son parti, excepté M. B. de Paris, son élève et son disciple immédiat. » L'abbé Poncelet lui-même avait abandonné une cause que la raison ne pouvait plus soutenir, et rendu hommage à la vérité... On eût dès lors vainement cherché en Europe une seule personne osant révoquer en doute l'efficacité des pointes. Le public, toujours enclin aux diversions et aux engouements extrêmes, s'était au contraire pris de passion pour le paratonnerre, et Dieu sait de combien de façons cet appareil fut accommodé pour satisfaire au goût du moment! On alla jusqu'à imaginer pour les dames un chapeau armé d'une pointe d'acier communiquant avec une chaînette d'argent qui faisait le tour du chapeau, descendait ensuite jusqu'à terre le long de la jupe, et traînait sur les talons. On vendit aussi des parapluies à manche de verre, dont le pavillon portait au sommet une pointe assez longue, à laquelle était attachée une chaîne traînant également par terre et destinée à conduire doucement le fluide dans le sol. Malheureusement ces joujoux étaient trop chers pour les gens pauvres, et, quant aux gens riches, ils préféraient par le temps d'orage rester au logis ou sortir en voiture.

CHAPITRE IX

Valeur réelle des hypothèses scientifiques. — Incertitude de la science sur la nature de la foudre. — Symptômes qui accompagnent ce météore. — Formation des orages. — Phénomènes qui les accompagnent. — Grêle. — Explication de ce phénomène d'après Volta et d'après M. Pouillet. — Exemples remarquables.

En réfutant dans le chapitre précédent la doctrine de Franklin sur le rôle des verges métalliques pointues dans les phénomènes d'électricité atmosphérique, nous avons exposé brièvement la théorie du paratonnerre, telle qu'elle est universellement admise aujourd'hui par les physiciens. Cette théorie est-elle absolument vraie? Nous nous garderions bien de l'affirmer.

La science, il ne faut pas l'oublier, ne connaît directement et avec certitude que des faits, et le nom de phénomène par lequel on désigne ces faits indique encore combien la connaissance en est superficielle, et qu'on est obligé de se contenter de simples apparences; car le mot φαινόμενον signifie simplement *ce qui paraît*. La science donc constate l'existence des phénomènes, leur production ou leur disparition dans des circonstances données, leur enchaînement, leur génération réciproque, etc.; par cet ensemble d'observations raisonnées, en s'aidant de l'expérience, de l'induction et de la déduction, de l'analyse et de la synthèse, elle s'élève à la détermination des LOIS, c'est-à-dire des *rapports constants entre les phénomènes du même ordre*.

Mais si de l'observation des faits et de la détermination de leurs rapports nous prétendons nous élever à la connaissance des causes, alors une barrière infranchissable se dresse, un rideau d'épaisses ténèbres s'étend devant nous, et la voix suprême nous crie : Vous n'irez pas plus loin; ici est la limite qu'il ne vous est point permis de dépasser. Et la science est contrainte de s'arrêter là. Mais en s'arrêtant elle n'abandonne pas son œuvre. Elle supplée à la vue par l'imagination, à l'expérience par le raisonnement, à la certitude par l'hypothèse. Ces causes qu'elle ne peut connaître, elle les suppose, elle les nomme et les définit autant qu'il est en elle, et sa faiblesse même est pour elle une occasion de plus de déployer sa virtualité. C'est alors qu'elle invente les *forces*, les *agents*, les *fluides*, et qu'elle les appelle Attraction, Pesanteur, Calorique, Lumière, Magnétisme, Électricité. C'est alors que pour se rendre compte des phénomènes elle construit des théories, des hypothèses dont elle fait au besoin bon marché, qu'elle sacrifie et remplace sans scrupule; car ce sont là des procédés d'investigation, des instruments, des machines intellectuelles, si l'on peut ainsi dire, construites avec les matériaux fournis par l'observation et l'expérience, et destinées à faciliter les études ultérieures.

C'est par une licence de ce genre que l'électricité est généralement qualifiée de *fluide;* on dit « le fluide électrique », quelquefois « la matière électrique »; on pourrait dire « l'agent » ou « la force électrique », ou employer indifféremment toute autre expression. Le mot « fluide » a paru plus commode, mieux approprié aux modes d'action, aux diverses manifestations de ce mystérieux principe. Voilà tout. Au fond, nul ne sait si l'électricité est un fluide, et, si c'en est un, de quelle espèce il est. Et qu'importe? L'essentiel n'est-il pas de savoir comment ce prétendu fluide se comporte, à quelles lois il obéit, quel mal on en doit craindre, quel bien on en doit espérer?...

Après bien des observations, des raisonnements, des tâtonnements, les physiciens croient avoir enfin acquis, sur le rôle de l'électricité dans les phénomènes météorologiques, des connaissances assez solides pour servir de fondement, d'une part, à l'hypothèse des deux fluides telle que nous l'avons exposée plus haut; d'autre part, à une théorie de la foudre et du paratonnerre, qui a été formulée officiellement par des commissions académiques en une sorte de catéchisme à l'usage des ingénieurs et des architectes, et qui fait maintenant loi dans la pratique.

Les physiciens admettent généralement aujourd'hui le système des deux fluides, non, nous le répétons, comme une vérité absolue, mais simplement comme une hypothèse ingénieuse et commode, à laquelle on n'a jusqu'ici rien opposé de plus plausible. Ils admettent aussi plus ou moins la théorie de la foudre qu'on en a déduite.

Mais cette théorie est loin d'expliquer toutes les bizarreries, tous les caprices, si l'on peut ainsi dire, du redoutable météore. Et, quant à l'efficacité des paratonnerres, il subsiste encore à cet égard bien des doutes que n'ont pu vaincre ni les arguments des physiciens, ni l'expérience d'un siècle.

Le savant qui a le mieux compris et le plus utilement rempli le rôle de vulgarisateur, Arago, a entrepris de populariser la connaissance des lois générales qui président aux phénomènes électro-atmosphériques, et d'éclairer les questions relatives aux dangers dont la foudre nous menace et aux moyens de s'en garantir.

Sa *Notice sur le Tonnerre*, publiée pour la première fois en 1837 dans l'*Annuaire du Bureau des longitudes*, est encore l'ouvrage le plus complet qui existe sur cette intéressante matière.

Pour extirper les préjugés répandus dans le public, Arago a pensé que le mieux était d'analyser les effets bien constatés de la foudre, et d'en déduire les conséquences, sans rien emprunter, par voie d'analogie, aux expériences électriques des physiciens; de se faire, en un mot, selon sa propre expression, *l'historien exact et minutieux du météore*.

La méthode historique est, en effet, la seule qu'il soit

sage d'adopter en pareil cas. Elle consiste à se renfermer
dans le domaine des faits, en prenant soin de n'accueillir
ceux-ci que sous bonne garantie, de les grouper métho-
diquement, de les commenter avec réserve et de n'en tirer
que les conséquences qui en ressortent immédiatement,
par voie de déduction.

Ayant à résumer dans un cadre restreint, et sous une
forme élémentaire, l'histoire du tonnerre et l'exposé des
moyens employés pour s'en garantir, nous ne pouvions
mieux faire que de prendre pour guide le beau travail
d'Arago. Nous y puiserons d'intéressantes observations
sur les effets les plus curieux de la foudre. Nous aurons
aussi plus d'un emprunt à faire à d'autres *notices scientifiques* du même auteur, et aux écrits des physiciens qui
avant et après lui ont traité le sujet qui nous occupe.

Il est impossible d'étudier la foudre sans dire premièrement quelques mots des symptômes météorologiques
qui l'accompagnent, et dont l'ensemble est si universellement connu sous le nom d'*orage*.

L'orage est un phénomène complexe, dont le mode de
formation, les circonstances et les caractères varient suivant la saison, suivant le climat et la configuration géolo-
gique du pays où il se manifeste. Il est donc impossible
d'en tracer un tableau qui s'applique également à tous les
orages. Les récits des voyageurs qui ont eu occasion d'observer ce genre de phénomènes sur divers points du globe
montrent bien que ceux des régions voisines de l'équateur
ou des tropiques ne ressemblent point à ceux des contrées
froides ou tempérées, ni ceux des plaines à ceux des montagnes.

Le Père Beccaria a donné de la naissance des orages
dans le pays montagneux qu'il habitait (le Piémont)
une description telle qu'on la pouvait attendre d'un
physicien de son mérite, et dans laquelle on retrouve
assez exactement ce qui se passe dans nos contrées.
Ce qu'il dit des changements qu'éprouve alors l'état du

ciel, de la forme, de la dimension et de l'aspect des
nuages, est surtout remarquable, et nous y reviendrons
tout à l'heure; mais nous devons d'abord parler des signes
précurseurs de l'orage, qui n'arrive presque jamais sans
s'être annoncé plusieurs heures à l'avance.

> *Nunquam imprudentibus imber*
> Obfuit.

(Jamais l'orage n'a surpris les moins prévoyants),

dit Virgile. Cette règle comporte cependant des exceptions. Dans les montagnes, par exemple, il arrive très-
fréquemment qu'un orage se forme, éclate et se dissipe
en quelques instants, et que même des orages très-vio-
lents et très-prolongés se déclarent tout à coup, et sans
qu'aucun signe ait pu les faire prévoir quelques instants
auparavant. Mais, encore une fois, ce sont là des exceptions, et d'ailleurs il ne serait peut-être pas impossible de
soutenir et de prouver que ces exceptions sont plus apparentes que réelles, et que, si la période d'incubation des
orages réputés subits est quelquefois très-courte; si les
phénomènes qui lui sont propres sont quelquefois locali-
sés dans une sphère de peu d'étendue; si, en un mot, les
signes précurseurs échappent quelquefois à l'observation,
grâce à leur rapidité et à leur peu d'intensité, ces signes
ne s'en produisent pas moins partout où va éclater un
orage, et n'en doivent pas moins être considérés comme
la phase première, normale et nécessaire des explosions
de l'électricité atmosphérique. Quoi qu'il en soit, on peut
affirmer d'une manière générale que l'orage qui va éclater est toujours précédé d'un travail sourd, plus ou moins
lent, plus ou moins sensible. On peut le comparer à ces
crises violentes qui atteignent notre organisme, et que
précèdent certains *prodromes* connus des médecins. L'o-
rage est une convulsion, une maladie de la nature. Ses
prodromes affectent à la fois les éléments, les plantes et les
êtres animés. Les personnes nerveuses sont alors en proie

à une agitation, à une inquiétude vagues, quelquefois à des spasmes douloureux. Les malades, les blessés, les valétudinaires ressentent une impression pénible, et presque toujours leurs souffrances se réveillent ou deviennent plus vives. Les animaux donnent, pour la plupart, des signes évidents de malaise. Les plantes elles-mêmes semblent prises de langueur, et l'on dirait qu'elles attendent avec anxiété le feu qui doit les consumer, ou la pluie bienfaisante qui doit les ranimer.

Ces effets sont dus à l'état particulier de l'atmosphère que dans le Midi on nomme la *touffe*, espèce de calme plat où nul souffle ne vient corriger l'élévation de la température, et qui est lui-même sans aucun doute un symptôme du travail électro-atmosphérique dont nous parlions tout à l'heure. En quoi consiste ce travail? On ne peut le dire : c'est une de ces grandes manifestations de la vie élémentaire, une de ces révolutions par lesquelles se rétablit à des moments donnés l'équilibre peu à peu dérangé des forces et des fluides, mais dont jamais peut-être la science humaine ne pénètrera le mystère.

On sait que les orages n'éclatent guère que pendant l'été, et qu'ils terminent le plus ordinairement une suite plus ou moins longue de chaudes journées. Lorsque cette terminaison se prépare ; lorsque le temps, comme on dit, est à l'orage, la température en général s'élève sensiblement ; le vent souffle faiblement du sud ou du sud-ouest, plus rarement du sud-est, et lorsqu'on observe le ciel au moment où il devient nuageux, on y voit des couches superposées de nuages volumineux, nageant en sens divers. Cela indique, dans les régions supérieures de l'atmosphère, la présence de courants et de contre-courants. On n'en sent rien près de terre, où règne, au contraire, un calme accablant. Toute l'agitation est en haut. Mais bientôt s'opère un brusque changement. Les nuages s'amoncellent en masses compactes et s'immobilisent. Le ciel semble comme frappé de paralysie, tandis que de brusques rafales, avant-courrières de l'orage, balaient en tourbillonant la surface du sol. Puis le vent cesse de nouveau, ou plutôt il remonte; les montagnes nébuleuses se remettent en marche, roulant les unes sur les autres, s'attirant et se repoussant tour à tour, et formant comme un océan de noires vapeurs agité par une tempête intérieure. La pluie tombe d'abord en larges gouttes, puis en flots abondants qui arrivent à terre sous formes de longs filets verticaux, de plus en plus pressés. En même temps les éclairs sillonnent les nues, le tonnerre gronde; les éclats de la foudre se succèdent à des intervalles plus ou moins rapprochés, lorsque même ils ne se produisent pas à la fois sur plusieurs points du ciel. L'orage est alors dans toute sa force. Il dure ainsi, en se déplaçant lentement sous l'impulsion du vent, jusqu'à ce que l'atmosphère se soit déchargée des masses d'eau qui s'y étaient accumulées, et que l'équilibre électrique se soit rétabli.

Suivant Beccaria, on peut avec certitude annoncer qu'un orage approche « lorsque par un temps calme on
« voit s'élever assez rapidement, de quelque point de
« l'horizon, des nuages très-denses, semblables à des
« masses de coton amoncelées, c'est-à-dire terminés par
« un grand nombre de contours curvilignes nettement
« arrêtés; lorsque ces nuages se gonflent en quelque
« sorte; lorsqu'ils diminuent de nombre et augmentent
« de volume; lorsque, malgré tous ces changements de
« forme, ils restent invariablement attachés à leur pre
« mière base; lorsque enfin ces contours, si nombreux
« d'abord et si distincts, se fondent peu à peu les uns
« dans les autres, de manière à ne plus laisser bientôt à
« l'ensemble que l'aspect d'un nuage unique.

« A ces premiers phénomènes succède, toujours à l'ho
« rizon, l'apparition d'un gros nuage très-sombre, par
« l'intermédiaire duquel les premiers paraissent toucher
« à la terre. Sa teinte obscure se communique de proche

« en proche aux nuages élevés, et il est digne de re-
« marque que ce soit alors que leur surface générale,
« celle du moins qu'on aperçoit de la plaine, devienne de
« plus en plus unie. Des parties les plus hautes de cette
« masse unique et compacte partent, sous la forme de
« longs *rameaux*, des nuages qui, sans s'en détacher,
« vont graduellement couvrir tout le ciel.

« Au moment où les rameaux commencent à se for-
« mer, l'atmosphère est ordinairement parsemée de pe-
« tits nuages blancs bien distincts, bien circonscrits, que
« le célèbre physicien de Turin appelle *ascitizi*, c'est-à-
« dire nuages additionnels ou subordonnés. Les mouve-
« ment des ascitizi sont brusques, incertains, irréguliers.
« Ces nuages paraissent être sous l'influence attractive
« de la grande masse. Aussi vont-ils, l'un après l'autre,
« se réunir à elle (1). »

Souvent l'état orageux de l'atmosphère est accompagné de perturbations étranges à la surface des eaux et
jusque dans les entrailles de la terre. On voit des sources
ordinairement limpides se troubler, des ruisseaux débor-
der subitement, des puits, des lacs et quelquefois même
les eaux de la mer, bouillonner; des masses d'eau percer
tout à coup la croûte solide du globe et s'élancer avec
violence par des ouvertures jusque-là inconnues; le sol se
crevasser sur une étendue plus ou moins vaste; des quar-
tiers de rochers se détacher des montagnes et rouler dans
les vallées ou dans les précipices, etc.

Quant à l'orage proprement dit, tel qu'il se passe ordinairement, c'est un phénomène trop universellement
connu pour que nous nous y arrêtions davantage. Nous
étudierons ci-après la foudre, qui nous intéresse plus particulièrement, puisqu'on s'accorde à y voir une explosion
de l'électricité atmosphérique. Pour le moment, nous
nous bornerons à dire quelques mots d'un autre phéno-

(1) Arago, *Notice sur le Tonnerre*, § A.

mène qui ne se manifeste que pendant les orages, et qui a beaucoup exercé la sagacité des physiciens, sans qu'on ait pu réussir encore à l'expliquer d'une manière satisfaisante. Nous voulons parler de la *grêle*.

On confond le plus souvent la grêle avec le *grésil*, dont elle nous paraît cependant devoir être distinguée, car elle n'en diffère pas moins par son mode de formation que par les circonstances où elle se produit. En effet, le grésil est toujours en petits grains sphéroïdes, blancs et opaques, où l'on reconnaît aisément des flocons de neige agglutinés. Il ne tombe que par les temps froids, mêlé, soit avec de la pluie, soit avec de la neige : rarement en automne; quelquefois au milieu de l'hiver, mais bien plus fréquemment à la fin de cette dernière saison, ou au commencement du printemps, c'est-à-dire pendant les *giboulées* de mars et d'avril. La chute du grésil est toujours accompagnée d'un vent violent que Kæmtz considère comme nécessaire à la formation du grésil. « Sur les Alpes, dit le savant météorologiste, j'ai vu que la neige se transformait en petits corps sphériques ou pyramidaux dès que le vent soufflait par rafales; puis, dès que celles-ci venaient à cesser, la neige tombait sous forme de flocons. » En effet, ces rafales suffisent parfaitement à rendre compte de l'agglomération et du durcissement des flocons de neige, lesquels s'engendrent eux-mêmes, comme on sait, sous l'influence du froid qui règne toujours dans les hautes régions de l'atmosphère, aux époques de l'année où l'on voit tomber le grésil.

Mais la formation de la grêle proprement dite est beaucoup moins facile à expliquer. Ce météore paraît être d'une nature toute spéciale; non-seulement il n'apparaît guère que dans la saison la plus chaude, et seulement pendant les orages; mais encore il accompagne beaucoup plus souvent les orages diurnes que les orages nocturnes. En outre, il consiste en grains de glace dont le volume est quelquefois très-considérable; et dont la forme et la structure ne ressemblent point à celles des grains de grésil.

Les grêlons sont en général arrondis ou piriformes; on en voit aussi d'aplatis, d'autres anguleux ou hérissés d'aspérités. Ils paraissent formés, pour la plupart, de couches concentriques, les unes opaques, les autres diaphanes, superposées sur un noyau central opaque, assez semblable à un grain de grésil, et qui semble être l'embryon primitif du grêlon. Quelques-uns offrent une structure rayonnante. Quant à leur volume, il est extrêmement variable. Les plus petits sont gros à peu près comme des grains de chènevis; il n'est pas rare d'en voir qui atteignent les dimensions d'un pois ou même d'une noisette. On en a vu qui avaient le volume d'un œuf de poule; on cite quelques orages qui ont fait tomber en certains endroits des grêlons pesant quatre cents et cinq cents grammes; enfin l'on a parlé de grêlons dont le poids allait jusqu'à deux kilogrammes, et qui, le 15 mai 1829, enfoncèrent les toits de plusieurs maisons, dans la ville de Cazorta, en Espagne. Ces blocs de glace, s'ils ont été réellement observés, mesurés et pesés exactement, étaient sans doute des assemblages de plusieurs grêlons beaucoup moins gros, qui s'étaient soudés ensemble pendant leur trajet pour arriver à terre.

Quoi qu'il en soit, c'est assurément un des phénomènes les plus étonnants et les plus étranges dont la nature nous offre le spectacle, que ces globules de glace, prenant naissance au sein des nuages, demeurant suspendus dans l'atmosphère assez longtemps pour y acquérir de telles dimensions, et projetés tout à coup sur la terre, à la suite des détonations fulgurantes les plus violentes. Car c'est aussi un fait digne de remarque, que les averses de grêle succèdent d'ordinaire aux forts coups de tonnerre, et que les plus abondantes et les plus terribles aient lieu précisément dans la saison de l'année et à l'heure du jour où la température est le plus élevée.

Ainsi les orages engendrent à la fois les éléments les

plus opposés : le feu et la glace ! Quelle étrange anomalie ! Quel problème pour la curiosité humaine ! La science n'a pas reculé devant ces secrets formidables. Parviendra-t-elle jamais à écarter le voile qui les couvre ? Il serait téméraire de l'affirmer. Jusqu'ici les théories par lesquelles on a essayé d'expliquer la formation de la grêle sont plus ingénieuses que satisfaisantes.

De ces théories deux seulement se sont accréditées parmi les savants. La plus ancienne et la plus complète est celle de Volta, qu'Arago semblait avoir adoptée et qu'il a exposée *in extenso* dans une notice spéciale sur *la Grêle* (1). La seconde, plus simple que la première, et qui se borne à une explication générale du phénomène sans chercher à en pénétrer les détails, a été donnée par M. Pouillet.

Résumons d'abord celle de Volta.

Suivant cet illustre physicien, les nuages étant composés, on le sait, de myriades de petites bulles de vapeur d'eau, dont l'enveloppe est liquide, celles de ces bulles qui forment la face supérieure du nuage exposée au rayonnement solaire éprouvent en été, dans le milieu de la journée, une évaporation trop forte, en raison de la chaleur intense dont elles sont frappées, ainsi que de la sécheresse et de la raréfaction des couches d'air qui les enveloppent, et aussi à cause de l'état fortement électrique du nuage lui-même : l'évaporation d'un liquide électrisé étant, toutes choses égales d'ailleurs, beaucoup plus abondante que celle d'un liquide de même espèce non électrisé.

Cette évaporation rapide, qui s'opère sur une immense étendue, ne peut avoir lieu qu'aux dépens des vésicules aqueuses qui forment la masse intérieure du nuage, et qui subissent un refroidissement tel, qu'elles ne tardent pas à se convertir en particules de glace ou de neige.

Ces particules solides deviennent, d'après Volta, les embryons de la grêle ; mais il restait à trouver comment

(1) *Annuaire du Bureau des longitudes* (1827).

elles grossissent et comment, malgré leur poids, elles restent suspendues en l'air pendant un temps assez long pour suivre les phases de développement qu'accuse ordinairement leur structure.

Jusqu'à la publication du mémoire de Volta, on s'était contenté de supposer que les noyaux de neige agglomérée, en tombant à travers l'atmosphère, gelaient les particules d'eau qu'ils rencontraient, et se grossissaient ainsi au point de présenter, au moment de leur chute, les énormes dimensions dont nous avons cité plus haut des exemples. Mais cette hypothèse n'était point admissible, car les nuages orageux sont toujours très-bas ; la grêle qui s'en détache n'emploie pas plus d'une minute pour arriver sur le sol, et, quelle que soit l'humidité de l'air, on ne peut imaginer que dans une trajet aussi court l'embryon de grêle se recouvre de couches de glace assez épaisses pour passer de son volume primitif, évidemment très-petit, à la grosseur d'un œuf de poule, ou même, pour ne parler que des cas fréquemment observés, d'un œuf de pigeon ou d'une noisette. Volta établit donc que les grêlons ne peuvent être amenés à de telles grosseurs qu'à la suite d'un long séjour dans les couches froides et humides de l'atmosphère. Leur suspension, selon lui, doit durer plusieurs minutes, et dans certains cas, des heures entières, et elle est le résultat d'un phénomène électrique qu'on reproduit dans la plupart des cours de physique, et qui est connu des maîtres et des écoliers sous le nom de *danse des pantins*. Voici en quoi consiste cette expérience.

Deux disques métalliques sont placés horizontalement l'un au-dessus de l'autre. Le disque supérieur est suspendu par un crochet au conducteur d'une machine électrique ; le disque inférieur est en communication avec le sol, soit directement, soit au moyen d'une chaîne. On place sur ce dernier de petits tronçons de moelle de sureau peints de couleurs vives, de manière à représenter tant bien que mal de petits personnages plus ou moins grotesques, afin de rendre l'expérience amusante. Les choses étant disposées de la sorte, on fait tourner le plateau de la machine, et l'on voit bientôt les pantins s'élancer vers le disque supérieur pour retomber aussitôt, puis remonter de nouveau, et ainsi de suite, tant que le plateau supérieur demeure sensiblement électrisé. La cause qui fait exécuter aux pantins cette danse est facile à saisir.

L'électricité développée par la machine se communique au plateau suspendu à son conducteur. Or on sait que tout corps électrisé attire ceux qui ne le sont pas. Le plateau électrisé soulève donc les balles de sureau; mais celles-ci, en le touchant, prennent une partie de son électricité; et, comme les corps électrisés de la même manière se repoussent, elles ne peuvent rester attachées au disque qu'un instant, après quoi elles sont rejetées sur la plaque métallique inférieure. Là elles se déchargent de leur électricité, qui s'écoule dans le sol; elles reprennent alors leur état primitif, c'est-à-dire neutre ou non électrique, et redeviennent par conséquent susceptibles d'être attirées de nouveau, ce qui arrive en effet si l'on continue d'électriser le disque supérieur.

Ces alternatives d'attraction et de répulsion auraient également lieu si le disque inférieur, au lieu d'être en communication avec le réservoir commun, était aussi électrisé, mais en sens contraire du disque supérieur. Le mouvement des pantins serait même plus rapide, parce que la force attractive de l'un des plateaux s'ajouterait à la force répulsive de l'autre, pour les faire monter ou descendre.

Dans la théorie de Volta, les plateaux sont représentés par des nuages chargés d'électricités contraires, entre lesquels les grêlons vont et viennent avec une grande rapidité, jusqu'à ce que, leur masse s'étant accrue avec leur volume, la pesanteur l'emporte sur l'attraction des nuages, et les grêlons sont précipités sur le sol.

Volta avait complété sa théorie en décrivant, à l'aide de données expérimentales dont il déduisait hypothétiquement toute une série de phénomènes électriques, le travail par lequel les diverses couches de nuages se forment dans l'atmosphère, et se chargent d'électricités contraires.

Cette théorie fameuse a été résumée dans son ensemble, aussi brièvement que possible, par Arago. « L'évaporation « d'un nuage formé primitivement par une cause quel- « conque, dit celui-ci, détermine la congélation d'une « portion des molécules aqueuses dont il est composé, et « les constitue souvent dans un état électrique négatif. « Les vapeurs élastiques résultant de cette évaporation « rencontrent, en s'élevant, des couches froides, et rede- « viennent nuage, mais nuage positif; c'est entre ces « deux couches de nuages, plus ou moins distantes, « qu'oscillent les premiers embryons de la grêle, et « qu'ils se revêtent graduellement d'enveloppes de glace « compacte et diaphane, jusqu'à l'instant où leur poids « surmonte les forces électriques qui les avaient soutenus « jusque-là. »

Nous croyons hors de propos de reproduire les objections qu'a soulevées cette explication si ingénieuse et si séduisante d'ailleurs, il faut en convenir, et qui porte si visiblement l'empreinte d'un des plus grands génies scientifiques des temps modernes.

Il nous suffira de mettre en regard l'hypothèse que M. Pouillet a cru pouvoir y opposer. Elle est fondée sur les effets connus de certains vents dits d'*aspiration*, qui produisent toujours sur leur passage un abaissement de température considérable; le refroidissement est quelquefois sur la terre de 17 degrés; nul doute qu'il ne soit plus intense encore dans les régions élevées de l'atmosphère. « On peut supposer, dit M. Pouillet, que le refroi- « dissement étant produit par le vent, c'est aussi la puis- « sance du vent qui entraîne les grêlons horizontalement,

« ou du moins très-obliquement dans l'atmosphère;
« qu'ils parcourent ainsi soixante à quatre-vingts kilo-
« mètres, et qu'ils n'ont pas besoin d'être suspendus
« bien longtemps au-dessus de nuages très-denses et
« très-refroidis, pour atteindre le volume énorme qu'ils
« ont quelquefois. Ainsi ce serait une même cause, l'a-
« baissement rapide de la température par les vents,
« qui déterminerait la formation et l'accroissement des
« grêlons. Quant à l'électricité qui accompagne toujours
« ce phénomène, elle serait un effet et non une cause.
« L'accumulation de vapeur nécessaire pour engendrer
« la grêle ne saurait avoir lieu sans un grand dégage-
« ment d'électricité, puisque tous les nuages qui se con-
« densent au foyer où se forme la grêle y viennent avec
« une électricité positive ou négative qui acquiert une
« grande tension par la condensation. » Cette théorie n'est
pas plus que celle de Volta à l'abri de la critique. Elle
admet comme condition indispensable de la formation de
la grêle un vent d'aspiration très-violent, ce que l'observation ne confirme pas, au moins dans la grande majorité
des cas; elle suppose que le vent transporte la grêle à de
grandes distances dans une direction oblique, ce que
l'observation semble également infirmer; car la grêle
tombe presque toujours verticalement, comme la pluie
d'orage, dont elle est une forme particulière; enfin elle
affirme *a priori* que dans le phénomène dont il s'agit
l'électricité est un effet et non une cause, ce qui ne paraît
nullement démontré, les explosions électriques précédant
généralement les averses de grêle, et la logique ne per-
mettant guère de croire que la cause se manifeste incidemment au milieu du phénomène général qu'elle produit.

Tout ce qu'il est permis de conclure de ce rapide aperçu
théorique de la formation de la grêle, c'est que la science,
sur cette question comme sur beaucoup d'autres, en est
réduite aux idées spéculatives et arbitraires, et que, faute

d'une base sur laquelle elle puisse édifier un système, elle n'a d'autre ressource que d'appeler à son aide l'imagination, en cherchant à deviner ce que ses moyens d'investigation ne lui permettent point de constater.

A défaut d'explications plausibles, les faits curieux abondent; ils ont été enregistrés avec soin par les auteurs, et nous pouvons mettre sous les yeux de nos lecteurs quelques observations, tant générales que particulières, qui ne manquent ni d'intérêt ni d'utilité. Nous les empruntons à un excellent article du Dictionnaire encyclopédique que publie, au moment où nous écrivons, M. B. Dupiney de Vorepierre. « Les nuages qui portent la grêle « semblent être surtout d'une grande profondeur, car il « leur arrive de répandre une obscurité fort sensible. Ils « ont habituellement une couleur grise ou roussâtre; « leur surface inférieure semble représenter d'énormes « protubérances, avec de nombreuses déchirures sur les « bords. On a prétendu que la grêle se formait et se « développait exclusivement dans les régions inférieures « de l'atmosphère, parce que des observateurs placés sur « les montagnes ont vu souvent les nuages couvrir de « grêle le fond des vallées. Mais des observations oppo- « sées ne permettent pas d'établir de règle générale sur « ce point. En effet, sur les Alpes, il tombe souvent de « la grêle et du grésil, tandis qu'il pleut dans la plaine, « ce qui tient sans doute à ce que les grêlons fondent « avant d'arriver dans celle-ci. La chute de la grêle est « quelquefois précédée d'un bruit tellement fort, qu'il « couvre celui du tonnerre. Ce bruit a été comparé à « celui que feraient des sacs de noix violemment entre- « choqués, ou une charrette ferrée roulant sur un chemin « rocailleux. Peltier, étant à Ham (Somme), entendit, à « l'approche d'un orage, un bruit tellement fort, qu'il « pensa qu'un escadron de cavalerie arrivait au galop « sur la place de la ville. Il n'en était rien; mais vingt « secondes après, une averse de grêle épouvantable tom-

« bait sur la ville. On croit que ce bruit est dû aux grê-
« lons qui s'entre-choquent, ou bien à la vitesse avec
« laquelle ils traversent l'air. Enfin la grêle est toujours
« accompagnée de phénomènes électriques et d'éclats de
« tonnerre, soit avant, soit après le bruissement dont
« nous venons de parler, soit même pendant qu'il
« grêle. »

Nous ne pouvons quitter ce sujet sans mentionner un
orage demeuré célèbre dans les annales de la météorologie, et qui fut signalé par une chute de grêle aussi
remarquable par ses circonstances que désastreuse par
ses résultats.

« Cet orage, dit Arago, commença au midi de la France,
« dans la matinée du 13 juillet 1788, traversa en peu
« d'heures toute la longueur du royaume, et s'étendit
« ensuite dans les Pays-Bas et en Hollande.

« Tous les terrains grêlés se trouvèrent situés *sur deux*
« *bandes parallèles* dirigées du sud-ouest au nord-est :
« l'une de ses bandes avait cent soixante-quinze lieues
« de longueur, l'autre environ deux cents.

« On reconnut que *la largeur* moyenne de la bande
« grêlée la plus occidentale était de quatre lieues ; celle
« de l'autre, de deux lieues seulement. L'intervalle com-
« pris entre ces deux bandes ne fut pas grêlé ; il reçut
« une pluie très-abondante ; sa largeur moyenne était de
« cinq lieues.

« Il tomba beaucoup d'eau, soit à l'orient de la bande
« grêlée de l'est, soit à l'ouest de la bande occidentale ;
« partout la chute du météore fut précédée d'une obscu-
« rité profonde qui s'étendit bien loin des pays grêlés.

« En comparant les heures de la grêle dans les diffé-
« rents lieux, on trouve que l'orage parcourait, du midi au
« nord, seize lieues et demie à l'heure, et que sa vitesse
« était précisément la même sur les deux bandes...

« Dans chaque lieu, la grêle ne tomba que pendant
« sept à huit minutes.

7

« Les grêlons n'avaient pas tous la même forme : les
« uns étaient ronds, les autres longs et armés de pointes;
« les plus gros pesaient une demi-livre.

« Les dégâts occasionnés en France, dans les *mille*
« *trente-neuf paroisses* que la grêle du 13 juillet frappa,
« montèrent, d'après une enquête officielle, à 24,962,000
« francs. »

CHAPITRE X

Définition de la foudre. — Éléments qui la constituent. — Éclairs. —
Trois espèces principales d'éclairs : éclairs linéaires, éclairs dif-
fus, éclairs en boule. — Éclairs de chaleur. — Feux Saint-Elme. —
— Autres phénomènes électro-lumineux. — Tonnerre. — Explications
diverses des roulements du tonnerre.

Le peu de certitude de nos connaissances relativement
à la nature de la foudre ne permet point de donner de ce
phénomène une définition scientifique. Il faut, pour éviter
toute erreur, et pour que la définition s'applique à toutes
les hypothèses, à toutes les théories présentes et à venir,
s'en tenir à l'indication exacte des faits sensibles qui
constituent la foudre. L'Académie française, dans la dernière édition de son dictionnaire, a commis, en s'écartant
de ce précepte, une faute qu'Arago a fort sensément et
spirituellement critiquée. M. B. Dupiney est tombé dans
le même travers, en disant au mot *foudre* : « se dit de la
matière électrique lorsque, dans un temps d'orage, elle
s'échappe des nuages, etc. ; » ce qui s'accorde bien avec
l'hypothèse admise de nos jours, mais pourrait aussi se
trouver en contradiction avec telle autre qui peut-être sera
quelque jour substituée à la théorie actuelle.

Aussi la définition proposée par Arago doit-elle être
préférée, parce qu'elle ne renferme rien d'hypothétique,

rien qui soit emprunté aux expériences des physiciens, rien
enfin qui ne soit le résultat d'une observation immédiate.
Disons donc avec l'illustre astronome que « la foudre est
un phénomène ou un météore qui se manifeste, quand le
ciel est couvert de certains nuages, d'abord par un jet
subit de lumière, et quelque temps après par un bruit
plus ou moins prolongé. » Ce jet de lumière est appelé
éclair. Le mot *tonnerre* désigne proprement le bruit qui
accompagne l'explosion de la foudre ; c'est par une méto-
nymie passée dans le langage vulgaire qu'on lui donne
fréquemment le sens du mot *foudre*, et qu'on dit : *le tonnerre est tombé, frappé du tonnerre, craindre le tonnerre*,
expression qu'il faut bannir du vocabulaire scientifique,
où chaque mot doit avoir son sens propre et déterminé,
et n'usurper jamais le sens d'un autre mot, si voisin que
soit celui-ci. »

La foudre se compose donc de deux éléments distincts
et, selon toute probabilité, inséparables : l'éclair et le tonnerre. Nous allons les étudier séparément, après quoi
nous examinerons le phénomène complet ; nous verrons
comment et dans quelles conditions il se produit, quels
en sont les caractères essentiels, et comment il se comporte dans ses différentes manifestations. Commençons
par les éclairs.

Arago et la plupart des autres météorologistes les divisent en trois espèces. La première comprend les éclairs
qui se montrent sous forme d'un trait de lumière très-
resserré, très-mince et très-arrêté sur les bords. La lumière de ces éclairs est toujours très-vive et, en général,
d'un blanc bleuâtre. On en a vu cependant de rouges et
de violacés. Malgré leur rapidité proverbiale, ils ne se
propagent pas en ligne droite : presque toujours ils
serpentent et décrivent dans l'espace une courbe immense,
ou une ligne brisée à angles variables. En un mot, ils sont
parfaitement semblables aux étincelles qu'on obtient à
l'aide des batteries et des machines électriques.

Leur course ordinaire les porte des nuages vers la terre. Cependant il n'est pas rare de les voir s'élancer d'un groupe de nuage sur un autre groupe. Mais la circonstance la plus remarquable que présente ces éclairs est qu'il leur arrive quelquefois de se partager, à un certain point de leur course, en deux et même en trois branches parfaitement distinctes. Dans ce cas, l'écartement des rameaux est considérable, et ils atteignent des points de la terre très-éloignés les uns des autres. L'abbé Richard, Nicholson, William Borlase, l'abbé Ferrara, citent plusieurs exemples de ce curieux phénomène.

Il paraît même établi que parfois les éclairs se divisent en un bien plus grand nombre de rameaux : pendant un orage qui, en avril 1718, ravagea les environs de Landerneau et de Saint-Pol-de-Léon, vingt-quatre églises furent foudroyées, bien qu'on n'eût entendu que trois coups de tonnerre distincts. Un témoin d'une autorité respectable, Griffith, rapporte que, durant l'orage qui éclata le 13 juin 1765 sur la ville d'Oxford, la foudre pénétra dans les bâtiments du collège de Pembroke, dans le même instant, par quatre points différents, fort éloignés les uns des autres.

Suivant une opinion répandue dans le public et parmi les physiciens et les météorologistes, les éclairs de la première espèce sont les plus dangereux ; ce sont ceux qui portent surtout avec eux la mort et l'incendie, ceux qui, en un mot, constituent la foudre proprement dite.

La lumière des éclairs de la seconde espèce, au lieu d'être concentrée dans des traits sinueux presque sans largeur apparente, est diffuse et embrasse d'immenses surfaces ; mais il semble qu'en s'étendant ainsi elle perde beaucoup de son intensité. Elle n'a ni la blancheur ni l'éclat des éclairs linéaires ; sa teinte est souvent rouge, quelquefois bleue ou violette. On a vu des éclairs de cette espèce sillonnés par d'autres de la première, ce qui rendait très-sensible la différence de leurs couleurs.

Tantôt les éclairs de la seconde espèce n'illuminent que le contour des nuages ; tantôt on dirait que ceux-ci s'en-tr'ouvrent pour leur livrer passage, et alors toute la surface du nuage est comme inondée de lumière ; ces éclairs sont de beaucoup les plus communs. Un grand nombre de personnes n'en ont jamais vu, ou du moins jamais re-marqué d'autres. Dans un orage ordinaire, il s'en produit des milliers pour un éclair sinueux et fulgurant.

Les éclairs de la troisième espèce diffèrent totalement des précédents ; ils sont beaucoup plus rares et remarqua-bles surtout par deux caractères bien tranchés, savoir : 1° leur forme, qui est sphérique et les a fait désigner sous le nom d'*éclairs en boule* ; 2° leur mouvement de transla-tion, qui est relativement très-lent : en effet, tandis que les éclairs ordinaires ne durent qu'une petite fraction de seconde, les éclairs en boule durent plusieurs secondes, de sorte que l'observateur peut aisément les suivre dans leur marche et apprécier leur vitesse. Ceux-ci présentent encore d'autres particularités non moins étranges : ainsi on les voit souvent rebondir à la surface du sol ; d'autres fois ils éclatent comme des bombes, avec un fracas épou-vantable ; d'autres fois encore ils laissent après eux comme une traînée de particules enflammées, qui ressemble aux fusées de nos feux d'artifice. On ignore l'origine de cette sorte d'éclairs, qui a soulevé parmi les météorologistes des discussions très-vives, et dont l'existence a même été révoquée en doute par ceux (et le nombre en est grand, dit Arago) qui, à moins d'avoir vu, *de leurs propres yeux vu* un phénomène, ne l'admettent qu'autant qu'on peut le rattacher à une théorie connue. Les témoignages sont pourtant assez nombreux et assez respectables pour obliger les plus sceptiques à s'incliner et à croire sans compren-dre. En voici quelques-uns.

D'après les observations recueillies et transmises à l'A-cadémie des sciences par Deslandes, relativement à l'o-rage célèbre qui éclata en Bretagne dans la nuit du 14 au

15 avril 1718 ; l'église de Couesnon, près de Brest, fut détruite par « *trois globes de feu*, de trois pieds et demi de diamètre chacun, qui, s'étant réunis, avaient pris leur direction vers l'église, d'un cours très-rapide. »

Le 16 juillet 1750, une maison de Darking (Surrey) fut fortement endommagéé par un coup de foudre. « Tous les témoins de l'événement, dit Arago, déclarèrent qu'ils avaient vu dans l'air de grosses boules de feu (*large balls of fire*) autour de la maison foudroyée. En arrivant à terre ou sur les toits des maisons, ces boules se partagèrent en un nombre prodigieux de parties qui se dispersèrent dans toutes les directions imaginables. »

Le physicien Schübler parle d'éclairs observés par lui-même, qui offraient l'apparence d'un courant de feu gros comme le bras terminé par une boule de feu plus large et plus brillante. Kæmtz a vu plusieurs fois des phénomènes semblables, et le professeur Muncke rapporte qu'un éclair descendant et vertical, qui paraissait avoir une soixantaine de mètres de long, se transforma sous ses yeux en un grand nombre de petites boules.

Pendant un orage qui eut lieu à l'île de France en 1770, les nuages descendirent jusqu'à 400 mètres du sol; il tomba une pluie torrentielle. « Il éclairait beaucoup, dit le Gentil, témoin de cet orage ; mais les éclairs, loin de ressembler aux éclairs ordinaires, n'étaient autre chose que de très-gros globes de feu qui paraissaient subitement et disparaissaient de même sans explosion. » Le graveur Solokow, témoin de la mort de Richmann, que nous avons racontée plus haut, déclara que l'éclair qui avait tué ce malheureux physicien avait la forme d'un globe.

« Le 20 juin 1772, dit Arago, pendant qu'un orage
« grondait sur la paroisse de Steeple-Aston (Wiltshire),
« on vit dans les airs un globe de feu osciller pendant
« assez longtemps au-dessus du village, et se précipiter
« ensuite verticalement sur les maisons, où il produisit
« beaucoup de dégâts. »

Enfin M. Peltier rend compte en ces termes des curieux phénomènes auxquels il assista à Paris même, le 28 août 1839, au milieu d'un violent orage dont les nues noires et surbaissées touchaient presque au sommet des bâtiments.

« La foudre, dit-il, tomba au milieu de la cour du
« bureau central de l'octroi de Paris, encore inachevé.
« Cette foudre avait la forme d'un gros globe de feu, et
« s'accompagnait d'une traînée de vapeur. Elle frappa le
« sol, formé de remblais nouveaux, y creusa un enfonce-
« ment de 18 centimètres de diamètre, s'y agita violem-
« ment en tournant sur elle-même, enleva les terres
« meubles, puis rejaillit pour tomber à 3 mètres plus loin,
« où elle fit une nouvelle excavation de 9 centimètres de
« diamètre, s'agitant toujours violemment. Ce globe de
« feu sauta bientôt de cette excavation sur le mur de
« clôture, dont il suivit le chaperon sur une longueur
« d'environ 30 mètres. Arrivé à l'angle du mur, en face
« de l'hôpital Saint-Louis, ce globe, déjà très-diminué de
« volume, s'élança dans la rue, sur le pavé mouillé par la
« pluie : il s'y traîna en long sillon serpentant, traversa
« la porte cochère de l'hôpital, et disparut au milieu de
« la cour. A mesure que le temps s'écoulait et que son
« contact se prolongeait, on voyait incontestablement sa
« masse s'amoindrir : lorsqu'elle arriva au milieu de la
« cour de l'hôpital, ce n'était plus qu'une lumière mince
« et peu lumineuse, qui disparut tout à coup. »

Quelques météorologistes admettent une quatrième et une cinquième espèce d'éclairs.

Les éclairs de la quatrième espèce sont ceux que l'on désigne communément sous le nom d'*éclairs de chaleur*, parce qu'ils se manifestent toujours par les temps très-chauds ; et le vulgaire, n'entendant aucun bruit après leur apparition, les considère, non comme un phénomène élec-trique ou orageux, mais comme un simple effet de l'élé-vation de la température. Mais, de toutes les théories

émises sur l'origine et la nature de ces prétendus éclairs
de chaleur, la plus vraisemblable est celle qui les rattache
à la seconde espèce et les attribue à des orages éloignés,
dont les tonnerres ne peuvent être entendus à cause de la
distance, mais dont les éclairs projettent leur lumière, soit
directement, soit par réflexion, au-dessus de l'horizon.
Dès 1726, le Père Lozeran de Fesc, dans une *Dissertation
sur le Tonnerre* couronnée par l'Académie de Bordeaux,
soutenait que ces éclairs naissent au sein des nuages que
la rondeur de la terre ne permet pas de voir. Cette opinion
a été depuis pleinement confirmée par les observations
concordantes des physiciens, au moins pour la grande
majorité des cas. Quelquefois aussi il arrive que des éclairs
brillent, non pas à l'horizon et par un temps serein, mais
au milieu de nuages visibles pour les observateurs, sans
que pourtant on entende aucun bruit. C'est qu'alors ils
se produisent dans des couches très-élevées de l'atmosphère, là où l'air est trop raréfié pour que les ondes sonores
se propagent jusque dans les couches plus basses et plus
denses et parviennent à nos oreilles.

Pour ce qui est des *éclairs sans tonnerre*, l'observation
n'en a point fait connaître qui méritent réellement cette
dénomination. Néanmoins certains météorologistes l'appliquent aux météores lumineux et d'origine évidemment
électrique, qu'on a vus souvent apparaître dans les nuits
orageuses. Nous voulons parler des *feux Saint-Elme;* c'est
la cinquième espèce. Ces feux, ainsi que nous l'avons dit
au chapitre Ier, étaient bien connus des anciens, qui les
considéraient comme des prodiges d'un heureux augure,
et les appelaient *Castor et Pollux.* Le nom de feux Saint-
Elme, sous lequel ils sont connus des modernes, vient d'une
croyance très-répandue au moyen âge parmi les marins,
qui voyaient dans l'apparition de ce phénomène un signe
de la protection de saint Elme, et le saluaient toujours
par des cris d'allégresse et des actions de grâces. On attribue
maintenant cette sorte d'éclairs à l'état fortement électri-

que de nuages surbaissés qui, au lieu de se décharger violemment et par explosions, se mettent en communication avec le sol par l'intermédiaire des corps aigus et élevés, en sorte que la recomposition du fluide neutre s'opère lentement, sans autre indice apparent que des aigrettes de lumière qui semblent fixées à l'extrémité des corps conducteurs. Il n'est pas rare d'ailleurs que les feux Saint-Elme accompagnent des orages ordinaires; mais en ce cas ils en annoncent véritablement la fin prochaine, car les coups de foudre ne tardent pas à cesser lorsque l'écoulement du fluide entre les nuages et la terre s'est établi, pour ainsi dire, en jets continus.

On trouve dans les auteurs, tant anciens que modernes, une foule de passages où ce curieux phénomène est mentionné et interprété suivant les idées du temps. Jules César, dans ses *Commentaires*, raconte que, par une nuit orageuse où il tomba beaucoup de grêle, « le fer des javelots de la cinquième légion parut tout en feu; » Sénèque, que, sous les murs de Syracuse, *une étoile* alla se poser sur le fer de la lance de Gysippe; et Tite-Live, que le javelot dont Lucius Atreus venait d'armer son fils jeta des flammes pendant plus de deux heures sans en être consumé.

Plutarque rapporte que, comme la flotte de Lysandre sortait du port de Lampsaque pour aller attaquer la flotte athénienne, « les deux feux qu'on appelait les étoiles de Castor et de Pollux allèrent se placer des deux côtés de la galère montée par l'amiral lacédémonien, » ce qui fut considéré comme un présage certain de la victoire.

D'autre part, on lit dans l'*Histoire de l'Amirante*, écrite par le fils de Christophe Colomb :

« Dans la nuit du samedi (octobre 1493, pendant le
« second voyage du célèbre navigateur), il tonnait et
« pleuvait très-fortement. Saint-Elme se montra alors sur
« le mât de perroquet, *avec sept cierges allumés*, c'est-à-
« dire qu'on aperçut les feux que les matelots croient être
« le corps du saint. Aussitôt on entendit chanter sur le

« bâtiment force litanies et oraisons, car les gens de mer
« tiennent pour certain que le danger de la tempête est
« passé dès que saint Elme paraît. »

Au xviie et au xviiie siècle, on prenait encore le feu
Saint-Elme pour un objet palpable qu'on pouvait, en y
mettant beaucoup d'adresse, saisir et déplacer avec la main.

Forbin, dans ses *Mémoires*, racontant un voyage qu'il
fit en 1796, dit :

« Pendant la nuit (c'était par le travers des Baléares),
« il se forma tout à coup un temps très-noir, accompagné
« d'éclairs et de tonnerres épouvantables. Dans la crainte
« d'une grande tourmente dont nous étions menacés,
« je fis serrer toutes les voiles. Nous vîmes sur le vais-
« seau *plus de trente feux Sainte-Elme.* Il y en avait un,
« entre autres, sur le haut de la girouette du grand mât,
« qui avait *plus d'un pied et demi de hauteur.* J'envoyai
« un matelot *pour le descendre.* Quand cet homme fut en
« haut, il cria que ce feu faisait un bruit semblable à
« celui de la poudre qu'on allume après l'avoir mouillée.
« Je lui ordonnai d'enlever la girouette et de venir ; mais
« à peine l'eut-il ôtée de place, que le feu la quitta et alla
« se poser sur le bout du mât, sans qu'il fût possible
« de l'en retirer. Il y resta assez longtemps, jusqu'à ce
« qu'il se consuma peu à peu. »

Arago cite le fait suivant, tiré du voyage de M. Rozet :

« Le 8 mai 1831, après le coucher du soleil, des offi-
« ciers d'artillerie et du génie se promenaient tête nue,
« pendant un orage, sur la terrasse du fort Bab-Azoun à
« Alger. Chacun, en regardant son voisin, remarqua avec
« étonnement, aux extrémités de ses cheveux tout hé-
« rissés, de petites aigrettes lumineuses. Quand ces offi-
« ciers levaient les mains, des aigrettes se formaient
« aussi au bout de leurs doigts. »

Comme on le voit, les feux Saint-Elme sont tout à fait
inoffensifs.

Certains orages sont accompagnés de phénomènes de

phosphorescence analogues aux précédents, et dont on pourrait faire aussi, à la rigueur, une espèce particulière d'éclairs. Il arrive parfois, en effet, que les gouttes de pluie, les grêlons, et même l'eau qui ruisselle sur le sol, jettent des lueurs plus ou moins vives. Ces phénomènes paraissent plus fréquents dans les pays septentrionaux que dans les climats chauds ou tempérés. On en peut citer cependant quelques exemples très-authentiques, qui ont été observés en France.

Ainsi dom Hallai, prieur des bénédictins de Lessay, près de Coutances, écrivait à Mairan que « le 3 juin 1731, « au soir, pendant des tonnerres extraordinaires, il tomba « de toutes parts *comme des gouttes de métal fondu et em-* « *brasé.* »

Le savant abbé Bertholon fut surpris aussi par un orage, le 28 octobre 1772, entre Brignais et Lyon, à cinq heures du matin. Il pleuvait et grêlait abondamment. Les gouttes de pluie et les grêlons, en tombant sur les parties métalliques de la selle de son cheval, produisaient à l'instant même des jets lumineux.

L'eau du ciel, liquide ou solidifiée, n'a pas seule, du reste, la propriété de devenir phosphorescente par les temps orageux : on a aussi observé des pluies de poussières lumineuses, notamment celle qui tomba sur la ville de Naples et ses environs, pendant l'éruption du Vésuve, en 1794.

Mentionnons encore, pour être complet, deux autres sortes de phénomènes électro-lumineux, dont l'un pourrait, à juste titre, être classé parmi les éclairs proprement dits, et formerait, sous le nom d'éclairs terrestres ou ascendants, une cinquième espèce à ajouter à celles admises par les météorologistes; l'autre se rapprocherait plutôt des phénomènes de phosphorescence que nous venons de décrire; seulement, au lieu d'accompagner la chute de la pluie ou de la grêle, elle se manifeste d'une manière continue, à la surface même des nuages élec-

triques, soit, du reste, que ceux-ci émettent ou non des
éclairs ordinaires et des tonnerres. La première, surtout,
mérite de nous arrêter. Elle consiste dans de larges et
brillants météores, dont la terre est d'abord le siége, et
qui disparaissent au bout d'un temps plus ou moins long,
avec ou sans explosion, soit sur la place même où ils ont
pris naissance, soit après un déplacement plus ou moins
étendu et plus ou moins rapide.

« Le 2 juillet 1750, dit l'abbé Richard (1), me trou-
« vant à trois heures après, midi, pendant un orage, dans
« l'église Saint-Michel de Dijon, je vis tout à coup pa-
« raître entre les deux premiers piliers de la grande nef
« une flamme d'un rouge assez ardent qui se soutenait en
« l'air à trois pieds du pavé de l'église. Cette flamme s'é-
« leva ensuite à la hauteur de douze à quinze pieds, en
« augmentant de volume. Après avoir parcouru quelques
« toises en continuant de s'élever en diagonale, à la hau-
« teur à peu près du buffet de l'orgue, elle finit, en se
« dilatant, par un bruit semblable à celui d'un canon
« que l'on aurait tiré dans l'église même. »

Arago raconte (2) un fait non moins singulier :

Le fermier d'un étang situé près de Parthenay, en Poi-
tou, vit, pendant un violent orage, dans la nuit du 4 au
5 septembre 1767, cet étang couvert, dans toute son étendue, d'une flamme si épaisse, qu'elle lui dérobait la vue
de l'eau. Le lendemain, tous les poissons flottaient morts
à la surface de l'étang.

Enfin le même auteur cite, entre autres descriptions de
phénomènes de ce genre, le passage suivant d'une lettre
qui lui fut adressée par le docteur Robinson d'Armagh :

« Le major Sabine et le capitaine James Ross reve-
« naient, en automne, de leur première expédition arc-
« tique; ils étaient encore dans les mers du Groënland
« pendant une des nuits si sombres de ces régions, quand

(1) *Hist. naturelle de l'air et des météores*, t VIII.
(2) *Notice sur le Tonnerre*.

« ils furent appelés sur le pont par l'officier de quart, qui
« venait d'apercevoir quelque chose de très-étrange. C'é-
« tait, en avant du navire, et précisément dans la direc-
« tion qu'il suivait, une lumière stationnaire sur la mer
« et s'élevant à une grande hauteur, pendant que partout
« ailleurs le ciel et l'horizon paraissaient noirs comme
« de la poix. Il n'y avait dans ces parages aucun danger
« connu ; la route ne fut donc point changée. Lorsque le
« navire pénétra dans la région lumineuse, tout l'équi-
« page était silencieux, attentif, en proie à une vive
« préoccupation. Aussitôt on aperçut aisément les par-
« ties les plus élevées des mâts et des voiles, et tous les
« cordages. Le météore pouvait avoir une étendue de
« quatre cents mètres. Lorsque la partie antérieure du
« navire en sortit, elle se trouva *subitement* dans l'obscu-
« rité : aucun affaiblissement graduel ne se fit remar-
« quer. On s'était déjà fort éloigné de la région lumi-
« neuse, qu'on la voyait encore à l'arrière. »

La cause de ces phénomènes est encore, selon la belle
expression de Pline, « cachée dans la majesté de la nature. » Quelques physiciens veulent y voir de véritables
éclairs qui, au lieu de s'engendrer dans les nuages pour
se diriger vers la terre, prennent naissance dans les eaux
ou dans certaines parties du sol, et parfois s'élancent vers
le ciel. Mais c'est encore là une hypothèse fort sujette à
controverse, et d'autant moins facile à vérifier, que ces
météores se produisent rarement, et plus rarement encore sont observés par des personnes capables de les étudier et de les interpréter scientifiquement.

La phosphorescence des nuages, dont nous avons parlé
tout à l'heure, ne s'explique pas d'une façon plus satisfaisante, et donne lieu également à des hypothèses diverses. On en est même venu à se demander si les nuages
ne sont pas *toujours* plus ou moins lumineux. Quelques
physiciens admettent ce fait en règle générale, y trouvant
le seul moyen plausible d'expliquer la lumière qui sub-

siste pendant les nuits les plus noires, sans lune et sans étoiles, lumière très-faible et très-diffuse, il est vrai, mais sufffsante pour que les animaux nocturnes puissent se conduire et chercher leur proie, et qui, même pour l'homme, établit toujours une différence entre cette nuit en plein air et l'obscurité absolue d'un souterrain.

Quoi qu'il en soit, des nuages manifestement lumineux ont été observés par un assez grand nombre de physiciens. En voici quelques exemples authentiques.

Rozier rapporte que, le 15 août 1781, à huit heures cinquante minutes du soir, au plus fort d'un orage qui grondait sur la ville de Béziers, en examinant la direction et l'effet des éclairs, il aperçut, derrière le penchant de la colline qui bornait d'un côté la vue de sa maison, un point lumineux. « Ce point lumineux, dit-il, acquit peu à peu « du volume et de l'étendue; il forma insensiblement « une zone, une bande phosphorique qui se montrait à « mes yeux sous une hauteur de trois pieds; elle finit « par soutendre à mon œil un angle de 60 degrés.

« Sur cette première zone lumineuse il s'en forma une « seconde de la même hauteur, mais qui n'avait que « 30 degrés d'étendue, c'est-à-dire la moitié de celle de « la zone inférieure. Entre les deux resta un vide dont la « hauteur égalait celle d'une des deux zones prises sépa- « rément.... Ce phénomène brilla depuis huit heures « cinq minutes jusqu'à huit heures dix-sept minutes; à « huit heures dix-sept minutes, un coup de vent du sud « éloigna l'orage de Béziers. »

Nicholson a décrit de son côté un phénomène à peu près semblable, dont il fut témoin le 30 juillet 1797, à cinq heures du matin. Le ciel était couvert de gros nuages noirs qui couraient rapidement du sud-ouest au nord-est, et d'où jaillissaient des éclairs suivis de violents coups de tonnerre. Les parties les plus basses, les plus ondulées, les plus déchiquetées de ces nuages étaient constamment teintes en rouge, et Nicholson apprit que cette teinte avait encore beaucoup plus de vivacité avant qu'il lui eût été possible de l'observer.

Enfin le Père Beccaria, dans son traité *Dell' Elettricismo terrestre e atmosferico*, dit :

« Il m'est arrivé très-fréquemment, dans des nuits en-
« tièrement obscures, particulièrement en hiver, de voir
« des nuages épars s'agglomérer et former ensuite dans
« leur ensemble un nuage général, uniforme, à surface
« unie, et d'une densité en apparence peu considérable.
« De tels nuages répandent dans tous les sens une lueur
« rougeâtre, sans limites définies, mais assez intense
« pour qu'elle m'ait permis de lire des livres imprimés
« en caractères ordinaires. »

Beccaria attribuait ces lueurs à l'électricité.

« Car c'est à elle, ajoute-t-il, qu'il appartient univer-
« sellement de former des nuages généraux, sans ondula-
« tions apparentes. Cette matière, circulant dans les va-
« peurs, en quantité un tant soit peu plus considérable
« qu'elles ne peuvent en transmettre, doit se manifester
« à l'état lumineux, ainsi que le constatent tant d'expé-
« riences de cabinet. »

L'éclair est l'élément essentiel de la foudre. Le tonnerre n'est qu'un phénomène accessoire, un simple bruit qui accompagne la décharge électrique. Nous avons donc peu de chose à en dire.

Dans la grande majorité des cas, le tonnerre n'est entendu qu'un certain temps après l'apparition de l'éclair; mais nul n'ignore qu'il se produit dans le même instant, et que l'intervalle qui s'écoule entre les deux perceptions est dû à la différence de vitesse qui existe entre la lumière et le son. En effet, la vitesse de la lumière est telle, qu'on peut à peine l'apprécier, tandis que le son ne parcourt que 337 mètres par seconde. Il est facile, d'après cela, de mesurer l'éloignement des nuages orageux par le nombre de secondes qui sépare l'éclair du tonnerre, chacune de ces secondes représentant une distance de 337 mètres.

Les plus grands intervalles sont de 45 à 49 secondes (1).
Tout le monde a remarqué que lorsque la foudre éclate à
une distance de quelques mètres seulement de l'endroit
où l'on est, le bruit se fait entendre en même temps que
l'éclair brille. Dans ce cas, le coup est extrêmement violent, sec et de très-courte durée. Il ressemble assez bien
au bruit que ferait une pile d'assiettes en se brisant sur
le pavé.

Lorsque le tonnerre est éloigné, son bruit présente,
suivant les circonstances, des caractères très-divers. Le
poëte Lucrèce comparait fort justement certains éclats de
la foudre à l'aigre cri du parchemin qui se déchire. Ordinairement le son du tonnerre est plein, très-grave et
vraiment majestueux. Les expressions de grondements,
de roulements qui sont passées dans le langage usuel,
peignent bien la nature de ce bruit qui se prolonge quelquefois pendant plus de quarante secondes, avec des dimi-
nutions et des recrudescences successives d'intensité, qui
se renouvellent plusieurs fois pendant le retentissement
d'un même coup. Le bruit de chaque détonation n'a pas
toujours au début son maximum d'intensité. Souvent le
tonnerre commence par un roulement sourd, suivi d'é-
clats bruyants auxquels succède un nouveau roulement
qui s'éteint graduellement, mais avec rapidité.

On a beaucoup disserté sur la cause du tonnerre lui-
même, plus encore sur la durée et sur l'inégale intensité
des sons dont il se compose.

On se rappelle ce que les anciens philosophes, qui ne
soupçonnaient point l'existence de la matière électrique,
avaient imaginé pour rendre compte de ces phénomènes.
Les savants contemporains ne tombent point dans de

(1) Cependant de l'Isle, dans ses *Mémoires*, dit avoir compté une fois,
entre un éclair et le tonnerre qui le suivit, un intervalle de 72 secondes,
ce qui correspond à un éloignement de 24,264 mètres, ou environ six
lieues de 4,000 mètres. Ce nombre est le plus considérable dont il soit
fait mention dans les annales de la météorologie.

semblables divagations. Ils croient que le tonnerre résulte, comme toutes les détonations, de la rentrée subite
de l'air dans un vide produit lui-même par une énorme
dilatation de gaz; ils croient que la foudre fait le vide
partout où elle passe; mais comment produit-elle ce vide?
Ils l'ignorent, et ils ont la sagesse d'en convenir.

Pour ce qui est des roulements souvent inégaux et ca-
pricieux du tonnerre, on n'y a vu longtemps autre chose
que de simples jeux d'échos. Cette opinion était basée
sur ce que : 1° *en général*, lorsque la foudre éclate au zénith ou lorsqu'elle tombe à peu de distance de l'endroit
ou l'on est, on n'entend qu'un seul coup sec qui ne se
prolonge et ne se répète pas; 2° lorsque la foudre éclate
dans l'éloignement, il y a toujours roulement; 3° *en général*, les roulements sont plus sensibles, plus sujets à
des inégalités, et plus durables dans les pays montagneux et accidentés, où les ondes sonores rencontrent des
obstacles qui les répercutent en sens divers, que dans les
contrées planes et nues.

Mais de ces trois circonstances, la première et la seconde
ne sont que générales; elles présentent des exceptions
assez fréquentes et assez remarquables pour infirmer la
règle. Ainsi il arrive quelquefois que des coups de foudre
partant au zénith sont suivis de roulements plus ou moins
prolongés; il arrive en outre très-souvent que plusieurs
coups partis d'une même région du ciel et entendus
d'un même point de la terre offrent, dans l'intensité, la
continuité et la durée de leurs bruits respectifs, des différences très-notables. Enfin les effets acoustiques du
tonnerre ne sont pas sujets à des caprices moins frappants
dans les pays de plaine ou en pleine mer (1) que dans les
montagnes ou au milieu des forêts.

(1) Les marins affirment qu'en pleine mer, aussi bien que sur terre, les
coups de tonnerre sont ordinairement suivis de roulement. Ce fait a
suffi pour que quelques météorologistes rejetassent tout à fait la théorie
des répercussions. Ces savants oubliaient que les nuages jouissent,

Doit-on conclure de là que l'écho ne joue aucun rôle dans le phénomène qui nous occupe? Bien loin de là : il est certain que son rôle est, au contraire, très-important; mais l'écho ne suffit pas à expliquer *tous* les effets acoustiques du tonnerre. Il faut tenir compte aussi de la longueur des éclairs et des zigzags qu'ils décrivent dans l'espace.

Robert Hooke est le premier physicien qui ait fait intervenir dans l'explication des roulements du tonnerre ces circonstances, qu'on avait entièrement négligées avant lui.

Ce physicien établit une distinction essentielle entre les éclairs *simples* et les éclairs *multiples*. Selon lui, chacun des premiers n'occupe qu'un point dans l'espace et ne produit qu'un bruit court et instantané. Au contraire, le bruit qui accompagne les seconds est un roulement prolongé, « parce que, les différentes parties des longues « lignes que ces éclairs parcourent se trouvant, en géné- « ral, à des distances inégales, les sons qui s'y engendrent, « soit successivement, soit au même instant physique, « doivent employer des temps graduellement inégaux « pour venir frapper l'oreille de l'observateur (1). »

Robison a reproduit, dans l'*Encyclopœdia Britannica,* cette idée de son illustre devancier, en l'appuyant de ses observations personnelles et en la rendant plus saisissable au moyen d'une comparaison des plus heureuses.

« J'aperçus, dit-il, un éclair parallèle à l'horizon, qui « pouvait avoir trois milles (environ 4,800 mètres) de « long. Il me parut *coexistant* : personne n'aurait pu dire « par quelle extrémité il commença. Le tonnerre se com-

---

comme les objets terrestres, de la propriété de réfléchir le son, ce qui a été démontré d'une manière évidente par plusieurs expériences. On a constaté, par exemple, que les coups de canon ou des décharges de mousqueterie étaient accompagnés de roulements prolongés lorsque le ciel était nuageux, tandis que par un temps serein le bruit était unique et ne durait qu'un instant.

(1) *Robert Hooke's posthumous works.* London, 1705.

« posa, au début, d'un coup très-intense, et ensuite d'un
« roulement irrégulier qui dura environ quinze secondes.
« J'imagine que les détonations arrivèrent simultanément
« dans la vaste étendue de l'éclair, mais qu'elles ne furent
« pas partout de la même intensité. Différentes portions
« de l'agitation sonore (*sonorous agitation*) arrivèrent
« jusqu'à mon oreille par les ondulations de l'air, les
« unes après les autres, ce qui produisit l'effet d'un son
« prolongé. Telles seraient aussi les apparences, pour une
« personne placée à l'extrémité d'une longue file de sol-
« dats qui tireraient tous leurs fusils au même instant.
« Cette personne entendrait de même un roulement irré-
« gulier, si les fusils n'étaient pas également chargés
« dans les différentes parties de la file. »

En admettant avec Hooke et Robison que le tonnerre
se produise simultanément sur toute l'étendue de l'éclair,
on saisit aisément l'étroite liaison qui existe entre les
éclats de l'un et les zigzags de l'autre.

« Quand un éclair qui fuyait, si cette expression est
permise, dans une direction aboutissant à l'œil de l'observateur, se replie sur lui-même pour se présenter pendant quelques instants de face, il est de toute évidence
qu'il doit en résulter une augmentation de bruit. Il n'est
pas moins clair que cette augmentation sera suivie à son
tour d'un affaiblissement brusque, si par une seconde
inflexion l'éclair se trouve amené de nouveau à se mou-
voir à peu près dans la direction de la ligne visuelle ; et
ainsi de suite (1).

En résumé, la répercussion du son par les objets terrestres et par les nuages, la longueur et les inflexions des
éclairs détonant sur toute leur étendue : telles sont les
circonstances qui, dans l'état actuel de nos connaissances,
peuvent expliquer la durée, et, s'il est permis d'employer
ce mot, les modulations du tonnerre. Ce qui ne signifie

_____

(1) Arago, *Notice sur le Tonnerre.*

nullement que sur cette question, non plus que sur tant d'autres, les investigations de la science n'aient plus rien à nous apprendre.

CHAPITRE XI

Effets de la foudre. — Choc en retour. — Odeur de la foudre. — L'ozone. — Marche de la foudre. — Ses effets physiques. — Les fulgurites ou pierres de foudre. — Transports opérés par la foudre. — Ses effets physiologiques. — Hommes et animaux foudroyés. — Dangers de la foudre et moyens employés pour s'en préserver. — Efficacité des paratonnerres.

Si, après avoir en quelque sorte, comme nous venons de le faire, analysé la foudre et séparément étudié son origine et les deux phénomènes partiels dont elle se compose, on la considère synthétiquement, au point de vue de son action, on est effrayé d'abord de la multiplicité et de la bizarrerie capricieuse de ses effets. Toutefois, en examinant de près ces effets, on ne tarde pas à s'assurer que la plupart reconnaissent pour causes les propriétés bien constatées du fluide électrique, et l'on est en droit de supposer que ceux qui restent encore inexplicables s'éclairciraient si l'on pouvait savoir avec exactitude toutes les circonstances qui les modifient.

Nous allons passer rapidement en revue les phénomènes remarquables qui peuvent accompagner les explosions de la foudre entre les nuages et la terre, ou, comme on dit vulgairement, la *chute du tonnerre.*

Il arrive quelquefois pendant les orages que des hommes ou des animaux éprouvent une commotion assez forte pour les renverser et même les tuer, au moment où la foudre éclate, non pas sur eux, mais à une distance qui peut être considérable.

Ces accidents sont dus à un phènomène qu'on nomme le choc en retour. On s'en rend compte aisément à l'aide de la théorie des deux fluides et de l'électrisation par influence.

En effet, un nuage électrisé, passant au-dessus du sol, décompose d'abord insensiblement l'électricité des corps assez rapprochés de lui pour être soumis à son influence.

L'électricité contraire à celle du nuage est attirée à la surface et aux extrémités supérieures de ces corps, tandis que l'autre est repoussée dans le réservoir commun. Si, après cela, le nuage s'éloigne ou s'élève sans avoir occasionné d'explosion, son influence s'évanouit graduellement, et les hommes et les animaux qui tout à l'heure la subissaient, reprennent peu à peu leur équilibre électrique, sans rien ressentir, si ce n'est tout au plus un malaise passager.

Mais supposons que, par une circonstance quelconque, la décharge vienne à s'opérer; en d'autres termes, que la foudre éclate entre le nuage et quelqu'un des corps influencés. Que se passe-t-il alors? Le nuage, tout à l'heure chargé d'électricité négative, a recomposé son fluide neutre aux dépens du fluide positif du corps foudroyé; son influence sur les autres corps cesse tout à coup; l'électricité positive qui était accumulée sur ceux-ci rentre aussitôt dans le sol, ou bien elle attire brusquement l'électricité de nom contraire, nécessaire pour la neutraliser. Ces corps sont donc foudroyés eux aussi, bien que pour ainsi dire en sens inverse de celui qui a reçu la décharge, et ils éprouvent une commotion dont l'intensité dépend de leur rapprochement du nuage et de leur plus ou moins grande conductibilité pour le fluide électrique. L'homme et les animaux étant de bons conducteurs à cause de la grande quantité d'eau contenue dans leur corps, on conçoit que le choc en retour puisse leur devenir funeste. Toutefois son effet se réduit le plus souvent à une secousse violente et à un étourdissement passager. Cette secousse n'est d'ailleurs jamais accompagnée du dégagement de chaleur et de lumière qui caractérise la décharge électrique directe.

Un des exemples les plus terribles du choc en retour est celui qui est rapporté par Brydone. Le 19 juillet 1785, entre midi et une heure, pendant un orage, Brydone entendit une forte détonation. Cette détonation devait avoir été précédée d'un éclair; mais le narrateur ne l'avait point remarqué, sans doute parce que l'intervalle écoulé entre son apparition et la détonation avait été très-long, ce qui, eu égard à la différence de vitesse du son et de la lumière, prouvait que la décharge s'était faite à une grande distance. Or, à quelques pas de la maison qu'habitait Brydone, un homme nommé Lander, qui conduisait une voiture de charbon, fut trouvé mort ainsi que ses deux chevaux. Le charbon contenu dans la voiture avait été en partie éparpillé sur la route, et, à cinq décimètres environ en arrière de chaque roue, on aperçut un trou de cinq centimètres de diamètre.

Les personnes qui ont eu l'avantage de voir tomber la foudre d'assez loin pour n'en être ni tuées ni grièvement blessées, d'assez près pour bien observer ce redoutable météore, ont toutes parlé de l'odeur suffocante qui se répand dans l'air aussitôt après l'explosion, et qui est quelquefois accompagnée d'une fumée plus ou moins épaisse. L'odeur développée par la foudre a été généralement comparée à celle du soufre brûlé. Quelques observateurs l'ont trouvée semblable à celle du phosphore; quelques-uns enfin à celle des vapeurs nitreuses.

Cette circonstance n'étonnait point les anciens physiciens, qui attribuaient la foudre à l'inflammation de vapeurs sulfureuses, bitumineuses et autres, tenues en suspension dans l'atmosphère ou emprisonnées dans les nuages. Elle n'étonne pas davantage le vulgaire, aussi peu avancé de nos jours que les savants d'autrefois, et qui prend encore les traits de la foudre pour des jets de soufre enflammé. Mais les savants modernes, qui voyaient dans la prétendue chute du tonnerre un phénomène électrique tout à fait analogue à ceux qu'on produit artificiellement dans les cabinets de physique, ont cherché longtemps en vain la cause de cette odeur si vive qui se manifeste à la suite des coups fulminants, sans qu'on puisse trouver dans l'atmosphère la moindre trace de soufre ni de phosphore. La présence de vapeurs nitreuses pourrait à la rigueur s'expliquer par l'action de la foudre sur les gaz oxygène et azote qui se trouvent dans l'air, comme on sait, à l'état de simple mélange, et qui, en se combinant sous l'influence de l'étincelle électrique, peuvent donner naissance à de l'acide nitrique, hyponitrique, azoteux, etc.; ce qui a lieu en effet, car l'eau des pluies d'orage est souvent acidulée par la présence d'une quantité très-appréciable d'acide azotique. Ceci expliquerait jusqu'à un certain point les nuages de fumée infecte et suffocante mentionnés par plusieurs auteurs. Mais les récentes découvertes de la chimie ont permis d'assigner une autre cause à l'odeur sulfureuse qui se manifeste à la suite des coups de foudre, sans qu'il y ait en même temps dégagement de vapeurs ou de fumée (1).

Cette cause, c'est la formation du gaz que M. Schœnbein, chimiste bâlois, a désigné sous le nom d'*ozone*, et qui selon toute apparence n'est autre chose que l'oxygène modifié par l'électricité. En effet, Van Marum en 1785, M. Schœnbein en 1840, et depuis MM. de la Rive, Becquerel et Frémy ont constaté que l'oxygène, frappé d'une série d'étincelles électriques, éprouve une sorte de transformation, et acquiert des propriétés nouvelles et particu-

(1) Il est bon de faire observer que les exemples de coups de foudre qui ont occasionné un dégagement sensible de fumée se rapportent tous à des cas où le météore a traversé des édifices ou des navires dans lesquels il a pu brûler ou vaporiser diverses substances; que d'ailleurs ces cas sont peu nombreux, imparfaitement observés, et peuvent être attribués à des circonstances accidentelles, indépendantes des propriétés mêmes de la matière électrique.

lières, au nombre desquelles tous les chimistes que nous venons de nommer ont signalé une odeur très-sensible semblable à celle de l'acide sulfureux. On conçoit donc parfaitement que l'oxygène de l'air, traversé par une étincelle électrique aussi puissante qu'un coup de foudre, se transforme en ozone et répande l'odeur forte et désagréable signalée par la plupart des observateurs.

Voyons maintenant comment la foudre se comporte lorsqu'elle tombe, pour nous servir de l'expression vulgaire; comment elle altère ou détruit les corps qu'elle atteint; en un mot, quels sont ses effets physiques et physiologiques les plus remarquables. C'est ici surtout que la notice d'Arago va nous être d'un grand secours. Nous ne saurions puiser à meilleure source les règles générales que l'expérience a permis d'établir à ce sujet, et les exemples à l'appui.

En premier lieu, il est bien démontré que dans sa marche si rapide la foudre obéit à des attractions propres aux corps terrestres près desquels elle éclate; que ces attractions sont les mêmes pour la foudre que pour l'électricité artificielle; en d'autres termes, que la foudre frappe et suit de préférence les corps bons conducteurs. Il serait superflu d'insister sur ce point, que nous avons déjà traité, et qui n'est plus l'objet d'aucune contradiction sérieuse. Ajoutons seulement ici ce fait bien digne d'attention, que la foudre ne produit de dégâts notables dans les masses de métal qu'au moment où elle y entre et au moment où elle en sort. Elle est inoffensive tant qu'elle peut suivre sans obstacle et sans interruption un conducteur métallique. Son affinité pour cette espèce de matière s'exerce souvent à travers des obstacles en apparence très-puissants, à travers d'épaisses maçonneries et des corps très-mauvais conducteurs du fluide.

Exemple. Le 10 juin 1764, un violent coup de foudre atteignit le clocher de Saint-Brides, à Londres. Le météore frappa d'abord la girouette, et descendit de là le long d'une barre de fer de 6 mètres de long noyée dans la maçonnerie de pierres de taille massives dont la tour était formée. La dorure qui recouvrait la croix en cuivre dont le clocher était surmonté fut noircie, et quelques parties de soudure furent fondues; la foudre ne laissa, du reste, aucune trace de son passage le long de la barre de fer; les vrais dégâts commencèrent lorsque le métal lui manqua. La grosse pierre où plongeait la barre fut fendue et même brisée en sens divers. La foudre sembla ensuite sauter de pièce métallique en pièce métallique, tant au dedans qu'au dehors de la maçonnerie.

« En définitive, dit Arago, il y eut des pierres fendues, éclatées, pulvérisées, déplacées, lancées au loin comme des projectiles, aux extrémités mêmes ou très-près des extrémités des barres de fer employées dans la construction du clocher. Partout ailleurs les dégâts étaient ou nuls ou sans gravité. On dirait, d'après ces effets, que la foudre ne parvient à s'échapper par les bouts des pièces métalliques qu'à l'aide d'un violent effort qui détruit tout aux environs. »

Cependant la foudre opère souvent la fusion des pièces de métal qu'elle va frapper; ou bien elle raccourcit les fils métalliques à travers lesquels elle passe, lorsque sa puissance n'est pas assez grande pour en déterminer la fusion; en tout cas, elle respecte alors, le plus souvent, les corps voisins, et même ceux qui sont en contact avec le métal. Seulement, lorsque ces derniers sont combustibles, ils sont ordinairement brûlés, la fusion et le raccourcissement dont nous venons de parler s'opérant à une température très-élevée.

Exemples. Le 12 juillet 1770, la foudre tomba à Philadelphie sur la maison de M. Jos. Moulde. Le capitaine Falconer, qui était dans la maison, dit que la détonation fut *d'une prodigieuse intensité*. En effet, la tige de cuivre qui surmontait la maison fut fondue sur une longueur de 15 centimètres. De cette tige la foudre passa dans une tringle ronde en fer, de 13 millimètres de diamètre, qui descendait le long du bâtiment et pénétrait en terre à la profondeur de 1 mètre 8 centimètres. Mais cette tringle ne fut ni fondue ni endommagée.

Dans la journée du 19 avril 1827, le paquebot *le New-York*, de 120 tonneaux, fut frappé deux fois de la foudre en pleine mer. La première décharge causa de graves dégâts, le bâtiment n'ayant point son paratonnerre. Cependant la foudre ayant trouvé sur son chemin des pièces métalliques qui la conduisirent à la mer, rien ne prit feu. Néanmoins les cabines s'emplirent d'épais nuages de fumée. Quand la seconde décharge arriva, le paratonnerre était en place. La partie supérieure de ce paratonnerre fut fondue, la chaîne de fer qui partait de sa base, et qui avait environ 40 mètres de long sur 6 millimètres de grosseur, fut presque entièrement liquéfiée, et le pont se trouva parsemé de globules de fer qui brûlèrent le plancher et le bois des lisses en cinquante endroits différents, bien que la pluie tombât par torrents, et qu'il y eût presque partout de la grêle à une hauteur de 6 à 8 centimètres. Tout ce qu'on retrouva de la chaîne avait à peine un mètre de long. Il en restait à peu près huit centimètres attachés à la base du paratonnerre, et l'on recueillit sur le pont un petit fragment de chaînon et deux crochets avec leur anneau intermédiaire, complétement boursouflés.

Souvent la foudre fond et vitrifie instantanément les matières terreuses. Telle est l'origine des masses vitreuses qu'on trouve dans le sol dans beaucoup d'endroits, principalement sur les montagnes, qu'on nomme *pierres* ou *tubes de foudre* ou *fulgurites*, et que le vulgaire prend pour des projectiles lancés du ciel avec le tonnerre. Ces fulgurites ont tantôt la forme de tubes rétrécis ou fermés à la partie inférieure, tantôt celle de boules ou de cylindres; tantôt ils constituent des couches vitreuses plus ou moins épaisses à la surface des roches foudroyées; tantôt enfin ce sont ou des larmes arrondies, ou des masses amorphes de grosseur variable.

Des tubes de foudre avaient été découverts, il y a 150 ans, à Masul en Silésie, comme le prouvent des échantillons conservés dans le cabinet minéralogique de Dresde. « C'est au docteur Hentzen, dit Arago, qu'appartient « l'honneur de les avoir trouvés de nouveau en 1805, « dans la lande de Paderborn, vulgairement appelée la « Senne, et d'avoir le premier indiqué leur origine. On en « a depuis recueilli un grand nombre à Pillau, près de « Kœnigsberg, dans la Prusse orientale; à Nietlehen, près « de Halle-sur-Saale; à Drigg, dans le Cumberland; dans « la contrée sablonneuse située au pied de Regenstem, « près de Blankenburg; et au Brésil, dans les sables de « Bahia... »

Une des propriétés les plus étonnantes de la foudre est sans contredit celle qu'elle manifeste quelquefois de transporter à de grandes distances des masses d'un poids et d'un volume considérables.

C'est ainsi que dans la nuit du 14 au 15 avril 1718 un coup de foudre fit sauter le toit et les murailles de l'église de Couesnon, près de Brest, comme aurait fait une mine. Des pierres avaient été lancées dans tous les sens jusqu'à 51 mètres de distance.

Le 6 août 1809, à Swinton, près de Manchester, la foudre vint frapper un petit bâtiment dépendant d'une maison qui appartenait à un M. Chadwick. L'explosion fut épouvantable, et suivie immédiatement de torrents de pluie. Pendant quelques minutes la maison fut enveloppée d'une vapeur sulfureuse. Le bâtiment foudroyé était un magasin à charbon, terminé à sa partie supérieure par une citerne, et dont les murs, hauts d'environ 3 mètres 70 centimètres, avaient 94 centimètres d'épaisseur. Les fondations descendaient dans le sol à 31 centimètres de profondeur. Le mur extérieur de ce bâtiment fut arraché de ses fondations et transporté tout d'une pièce obliquement, mais en conservant sa position verticale, de telle sorte que l'une de ses extrémités avait franchi une distance de 2 mètres 80 centimètres, et l'autre une distance de 1 mètre 20 centimètres.

Au moment de l'explosion, le magasin renfermait une tonne de charbon, et la cave une certaine quantité d'eau.

Lorsque la foudre atteint les hommes ou les animaux, elle paraît agir spécialement sur leur système nerveux; elle les étourdit ou les tue roide; mais presque toujours ils conservent, au moins pendant quelques instants, la position qu'ils avaient au moment d'être frappés. Souvent aussi ils ne présentent aucune lésion visible, soit externe, soit interne. Les marques de brûlure qu'on voit quelquefois sur le corps des personnes atteintes par la foudre paraissent devoir être attribuées à des circonstances accidentelles. Quant à l'opinion commune d'après laquelle les personnes ou les animaux foudroyés tomberaient en poussière sous le moindre contact, c'est un préjugé dénué de tout fondement. On prétend que le sang des individus tués par la foudre perd sa coagulabilité, et que leur cadavre entre très-vite en putréfaction. Ce fait, s'il était confirmé par l'observation, s'expliquerait aisément par l'action chimique de l'électricité atmosphérique, dont tout le monde a pu observer les effets sur les matières animales, telles que le lait, la viande, etc.

Arago mentionne une curieuse remarque confirmée par de nombreuses observations : de même que, comme nous l'avons dit plus haut, la matière électrique, traversant une masse métallique, ne fait de dégâts qu'en entrant dans cette masse et lorsqu'elle en sort; de même, lorsque la foudre tombe sur des hommes ou des animaux placés les uns à la suite des autres, soit en ligne droite, soit suivant une courbe non fermée, c'est aux deux extrémités de la ligne que ses effets sont le plus intenses et le plus dangereux.

Exemples. Le 2 août 1785, la foudre tomba à Rambouillet sur une écurie où se trouvaient, sur une seule file, trente-deux chevaux. Trente de ces animaux furent renversés, mais deux seulement furent tués : c'étaient ceux qui occupaient les deux extrémités de la file.

Le 22 août 1808, la foudre tomba sur une maison du village de Knonau, en Suisse. Cinq enfants lisaient assis sur un banc dans une pièce du rez-de-chaussée. Le premier et le dernier tombèrent roide morts; les trois autres en furent quittes pour une violente commotion.

Venons maintenant aux dangers de la foudre et aux moyens de les conjurer. Ces dangers peuvent être considérés relativement aux personnes, aux édifices et aux navires.

Relativement aux personnes, dans les circonstances ordinaires et dans les climats comme celui de la France, par exemple, où les orages ne sont en général ni très-fréquents ni très-intenses, les risques d'être tué ou seulement blessé par le feu du ciel sont tout à fait insignifiants.

« Personne, dit Arago, ne me démentira si j'affirme « que pour chacun des habitants de Paris le danger « d'y être foudroyé est moindre que celui de périr dans « la rue par la chute d'un ouvrier couvreur, d'une che- « minée ou d'un vase à fleurs. »

Le nombre des personnes qui *ont peur du tonnerre* est cependant plus grand qu'on ne croit; beaucoup de gens sont, sans l'avouer, sans peut-être se l'avouer à eux-mêmes, atteints de cette faiblesse, et se préoccupent des précautions à prendre pour échapper au péril, ou du moins pour l'atténuer. Cette préoccupation, sans doute, est puérile et ridicule. Toutefois la sagesse commande de ne point s'exposer inutilement à un danger si faible qu'il soit; il est donc certaines mesures de prudence qu'on ne doit pas négliger pendant les orages violents. Ainsi, lorsqu'on se trouve dans un appartement, il est bon de fermer les fenêtres, d'éviter autant que possible les courants d'air, et même de ne point se tenir à côté des cheminées. La foudre, en effet, pénètre souvent dans les maisons par cette voie, à cause de la conductibilité de la suie.

On peut aussi conseiller aux personnes *très-prudentes* de s'éloigner des substances métalliques, des glaces (à cause de leur tain) et des dorures; de se tenir au milieu de la chambre, à moins qu'il n'y ait un lustre ou un porte-lampe suspendu au plafond; de toucher le moins qu'elles peuvent le mur et le sol.

« Le plus sûr, dit Arago, serait d'avoir un hamac suspendu par des cordons de soie au centre d'une vaste chambre. A défaut de suspension, il est bon d'interposer entre soi et le sol un de ces corps que la matière fulminante traverse le plus difficilement. Ainsi on peut poser sa chaise sur du verre, de la poix ou plusieurs matelas.

« Ces précautions, ajoute l'illustre météorologiste, doivent atténuer le danger, mais elles ne le font pas disparaître. Il n'est pas sans exemple, en effet, que le verre, la poix et plusieurs épaisseurs de matelas aient été traversés par la foudre. Chacun doit comprendre aussi que si le météore ne trouve pas tout autour de la chambre un métal continu qui le dirige, il pourra s'élancer d'un point sur le point diamétralement opposé, et rencontrer dans sa course les personnes situées au milieu, fussent-elles suspendues dans des hamacs (1). »

On voit d'après cela que le mieux est de demeurer en repos, de vaquer paisiblement à ses occupations et de s'en remettre pour le reste à la Providence.

Le danger d'être foudroyé est certainement plus grand en plein air que dans les maisons, dans les champs que dans les villes, sur les lieux élevés et découverts que dans les endroits bas et abrités. Lorsqu'on est surpris par un orage en rase campagne, on cherche naturellement un abri, ne fût-ce que pour se garantir de la pluie. Une foule d'exemples prouvent qu'alors il est imprudent de se

---

(1) Il va sans dire que ces considérations et ces conseils ne s'appliquent qu'au cas où l'on n'habite pas une maison munie d'un bon paratonnerre, ce qui est le seul moyen de se mettre complétement à l'abri des atteintes de la foudre.

placer sous un arbre isolé. En effet, les arbres, en raison de l'abondante humidité qu'ils contiennent, sont de très-bons conducteurs de la matière électrique, et attirent d'autant plus la foudre qu'ils sont plus élevés. On sait combien il est commun de voir dans les campagnes des arbres fendus, renversés ou brûlés par le feu du ciel. . Le même danger n'existe pas dans une forêt, où la différence de hauteur est le seul motif pour que le météore frappe tel arbre plutôt que tel autre.

D'après le docteur Winthorp, il faut dans la campagne, en temps d'orage, se placer à quelques mètres d'un grand arbre, ou mieux, si cela se peut, à la même distance de deux ou trois arbres, qui font alors l'office de paratonnerres, et garantissent l'homme en attirant la foudre.

Des considérations théoriques assez rationnelles en apparence avaient porté les physiciens à croire que les arbres résineux étaient beaucoup moins que les autres sujets aux coups de foudre, et que par conséquent on pouvait en toute sécurité s'abriter sous leur feuillage ; mais les faits ne confirment point cette opinion, et l'on a constaté que le météore frappait les pins et les sapins aussi bien que les chênes, les ormes, les peupliers, etc.

C'est une croyance universellement répandue, qu'il est dangereux de courir lorsqu'il tonne, et même de marcher contre le vent ; cela est admissible jusqu'à un certain point, en raison de l'action que paraissent exercer les courants d'air sur la direction de la foudre ; mais, comme le fait spirituellement observer Arago, « il est permis de se de-« mander si, en temps d'orage, ce qu'on gagne à rester « immobile ou à marcher lentement, quant au danger « d'être foudroyé, est une compensation suffisante du « désagrément d'être mouillé par une forte averse. »

Si les accidents mortels occasionnés par la foudre sont assez rares pour qu'il soit puéril de s'en préoccuper, on ne peut en dire autant des dégâts et des sinistres que cause ce météore, et dont on a presque chaque année un certain nombre à déplorer, même dans les contrées les plus épargnées.

Aussi a-t-on dès longtemps recherché les moyens propres à défendre contre ce fléau les édifices, les navires, les marchandises, etc. Nous n'avons point à revenir sur les artifices auxquels avaient recours les anciens, dépourvus de toute notion raisonnée sur la nature de la foudre, et imbus d'idées superstitieuses qui leur suggéraient une foule de pratiques ridicules, comme, par exemple, de planter de la vigne blanche ou des lauriers autour de leurs maisons.

Dans les temps modernes, avant et depuis l'adoption des paratonnerres, on a proposé divers expédients comme propres, non-seulement à garantir telle ou telle habitation des coups foudroyants, mais encore à éloigner les orages eux-mêmes et à préserver de tout dégât d'assez vastes étendues de pays.

Suivant une opinion très-répandue parmi le peuple des campagnes, et adoptée même par quelques physiciens, notamment par Volta, de grands feux allumés en plein air à l'approche des orages auraient le pouvoir de disperser ou d'élever les nuages électriques, et, sinon de faire avorter complètement l'orage, au moins de le rendre beaucoup moins redoutable. Cet effet serait dû au courant d'air ascendant déterminé par le feu. Le moyen dont nous parlons a été pendant plusieurs années fort en vogue dans diverses contrées; mais l'expérience n'en a pas confirmé l'efficacité. Le raisonnement a fait voir d'ailleurs que les plus grands feux que l'on puisse allumer, et même les plus terribles incendies ne peuvent exercer aucune influence sur la marche des nuages et sur l'état de l'atmosphère.

On a prétendu aussi que l'ébranlement causé dans l'air par de fortes détonations d'artillerie peut dissiper les nuées orageuses, et même les nuées de toute espèce; mais les faits authentiques à l'appui de cette assertion manquent, tandis qu'on en peut trouver beaucoup qui, loin de prouver que l'artillerie éloigne les orages, tendraient presque à faire supposer le contraire. En effet, plusieurs grandes batailles terrestres ou navales, dans lesquelles des centaines de canons et de mortiers tonnaient à la fois, ont été accompagnées d'orages effroyables. Arago cite le bombardement de Rio-Janeiro par Duguay-Trouin, en **1711**, et celui de l'île et de la forteresse de Danholm, par le général Fririon, en 1806 ; nous pouvons citer aussi l'épouvantable canonnade par laquelle débuta la bataille d'Essling (mai 1809), et à laquelle se mêlèrent les explosions d'un violent orage qui dura presque toute la nuit.

Enfin Arago a fait le relevé exact des états du ciel pour 662 jours d'école au polygone de Vincennes, où l'on fait jouer de 7 à 10 heures du matin : 1°, 4 pièces de siége tirant à ricochet ; 2°, 8 pièces de siége ; 3°, 6 mortiers ; 4°, une batterie mobile de 6 pièces ; et où ces diverses bouches à feu tirent 150 coups dans l'espace de trois heures. Les résultats de ce relevé ont été :

Parmi les 662 *veilles de jours d'école*, 128 jours couverts ;

Parmi les 662 *jours d'école*, 158 jours couverts (à 9 h. du matin) ;

Parmi les 662 *lendemains des jours d'école*, 146 jours couverts.

« La moyenne de 146 et de 128, ou 137, dit Arago, est tellement inférieure à 158, qu'on serait tenté d'en conclure qu'au lieu de dissiper et de chasser les nuages le bruit de l'artillerie les condense et les retient ; mais je sais très-bien que les nombres sur lesquels j'ai opéré ne sont pas assez forts pour permettre d'aller jusque-là. Je me bornerai seulement à dire que relativement aux nuages communs la détonation des plus forts canons paraît être sans influence. »

Il est un troisième moyen, analogue au précédent, qu'on a longtemps pratiqué dans les villes et dans les

campagnes pour éloigner les orages, et qui consiste à
sonner les cloches à toute volée; mais son inefficacité n'a
été que trop démontrée par une foule d'exemples. On a
prétendu ensuite, par une sorte de réaction contre l'ancien
préjugé, que l'usage de mettre les cloches en branle pendant les orages est non-seulement vain, mais dangereux,
et que le son des cloches est plus propre à attirer la
foudre qu'à l'écarter. Cette opinion est aussi peu fondée
que l'opinion contraire. Ce sont les clochers des églises
qui, en raison de leur élévation et de leur forme aiguë,
attirent réellement la foudre. Les annales de la météorologie offrent une multitude d'exemples d'églises foudroyées. Aussi serait-il à désirer que ces monuments
fussent toujours munis d'un ou de plusieurs paratonnerres, suivant leurs dimensions.

Quant aux cloches, il est certainement préférable de les
laisser en repos pendant les orages, et cela dans l'intérêt
des sonneurs, qui courent alors un danger réel. En effet,
que la foudre, comme cela arrive, hélas! fréquemment,
vienne à frapper le clocher, il y a tout à parier que la
corde, presque toujours humide, faisant l'office de conducteur, dirigera la décharge sur le malheureux sonneur,
qui sera tué ou grièvement blessé.

Les navires en mer sont, on le comprend sans peine,
fort exposés aux coups de tonnerre, qui peuvent y causer
de grands dégâts, occasionner un incendie, faire sauter
la soute aux poudres. Ces accidents étaient très-fréquents
autrefois, et l'on n'avait aucun moyen de les prévenir;
mais ils sont devenus fort rares depuis que tous les navires de guerre et la plupart des navires marchands sont
munis de paratonnerres.

C'est aussi à l'aide du paratonnerre, et du paratonnerre
seul, que l'on peut préserver avec certitude les édifices
des dangers de la foudre, soit en neutralisant l'électricité
des nuages, soit en attirant la décharge sur la tige métallique, et en la dirigeant, à l'aide du conducteur, dans les

couches humides du sol, qui offrent à la matière électrique un écoulement facile.

Il existe encore, avons-nous dit plus haut, parmi les gens peu éclairés, et parmi ceux dont l'esprit systématique admet difficilement les choses même les mieux établies, lorsqu'elles ne se rattachent pas à une théorie rigoureusement démontrée, — il existe, disons-nous, des doutes sur l'efficacité des paratonnerres. Ces doutes ne sauraient tenir aujourd'hui contre la logique des faits, qui a donné à l'induction scientifique sur laquelle est basée la construction des paratonnerres une éclatante confirmation. Arago cite avec raison comme la preuve la plus manifeste de l'efficacité des paratonnerres l'exemple du temple de Jérusalem, qui dans l'espace de mille ans ne fut pas une seule fois atteint par le feu du ciel, bien que sa situation élevée l'exposât aux coups du météore autant que les autres temples et monuments célèbres dans l'antiquité, lesquels furent tant de fois frappés, au rapport des historiens. Il n'y a pas lieu de croire que les architectes qui construisirent ce temple, si habiles qu'ils fussent d'ailleurs, eussent aucune idée du pouvoir des pointes et des conducteurs métalliques; mais le fait est que, grâce à son ornementation extérieure, cet édifice se trouvait dans des conditions telles, que les bâtiments modernes les mieux défendus n'offrent pas un ensemble de circonstances aussi satisfaisant.

En effet, le toit du temple de Jérusalem, lambrissé en bois de cèdre recouvert d'une dorure épaisse, était garni d'un bout à l'autre de longues lames de fer ou d'acier pointues et dorées. Ces pointes avaient pour objet, selon Josèphe, d'empêcher les oiseaux de se percher sur le faîte et de le souiller de leur fiente. Les faces du monument étaient aussi entièrement recouvertes de bois fortement doré. Enfin sous les parois étaient creusées des citernes dans lesquelles l'eau des toits se rendait par des tuyaux métalliques. Ainsi rien n'y manquait : ni les pointes inoxydables, ni les conducteurs, ni les puits destinés à établir une facile communication entre les pièces métalliques et le réservoir commun.

Les faits concluants en faveur du pouvoir des paratonnerres se sont produits en foule depuis l'invention de ces précieux appareils. Il faut nous borner à en citer quelques-uns des plus significatifs.

Le célèbre clocher de Saint-Marc, à Venise, dont la construction date d'une époque très-reculée, n'a pas moins de cent quatre mètres. La pyramide qui le surmonte mesure seule plus de vingt-sept mètres. Au sommet se trouve une grande statue en bois revêtue de cuivre, de trois mètres de haut.

L'élévation de ce monument, sa position isolée, et pardessus tout la grande quantité de pièces métalliques qui entrent dans sa construction, sont de nature à attirer fortement le feu du ciel. Aussi ce clocher a-t-il reçu depuis 1388 jusqu'à 1776 un grand nombre de coups de foudre, dont plusieurs ont occasionné de graves dégâts et nécessité de coûteuses réparations. En 1776, il fut armé d'un paratonnerre, et depuis lors il n'a plus été endommagé.

M. W. S. Harris dit dans un mémoire qu'il existe dans le Devonshire six églises surmontées de clochers élevés. En quelques années toutes les six ont été foudroyées; une seule n'a éprouvé aucun dommage : c'était aussi la seule qui fût munie d'un paratonnerre.

Au mois de janvier 1814, un orage ayant éclaté sur Plymouth, la foudre tomba sur le vaisseau *le Milford* et y fit de graves avaries. De tous les bâtiments stationnant dans le port, *le Milford* était le seul qui dans le moment ne se trouvât pas armé de son paratonnerre. En 1830, aussi dans le mois de janvier, trois navires à l'ancre dans le canal de Corfou furent frappés de la foudre. Le vaisseau anglais *l'Etna* reçut trois décharges; mais, grâce à son paratonnerre, il n'éprouva aucun dommage. Au contraire, *le Madagascar* et *le Masqueto*, qui n'avaient

point de paratonnerre, éprouvèrent des dégâts considérables.

<h1 style="text-align:center">CHAPITRE XII</h1>

Merveilleux résultats obtenus à l'aide de l'électricité. — Le galvanisme.
— Galvani. — Sa vie et ses travaux. — La machine électrique et les
pattes de grenouilles. — Expériences et idées de Galvani. — L'électricité animale.— Expériences électriques sur des cadavres d'hommes
et d'animaux.— Applications médicales du galvanisme.

Les découvertes de Franklin terminent d'une manière
éclatante la première période de l'électrologie. Jusqu'à
la fin du xviiie siècle, les physiciens, et Franklin lui-
même, n'ont envisagé l'électricité que sous un seul de
ses aspects. Toute une série de phénomènes, bien plus
étonnants que ceux qu'ils ont observés, reproduits et
expliqués, leur est encore inconnue. On a la machine
électrique, la bouteille de Leyde, le paratonnerre ; mais
ces précieux instruments ont permis d'étudier seulement
l'électricité dans ses manifestations élémentaires et fugi-
tives ; ils l'ont montrée, pour ainsi dire, par son côté violent et funeste : c'est toujours le feu du ciel qui frappe,
brûle et détruit ; le génie humain est parvenu à saisir cet
agent formidable, à le faire descendre des nuages, à le retenir prisonnier dans de merveilleux appareils. Résultat
immense ! mais que sera-ce donc lorsque, non content
d'en faire un sujet d'expériences, souvent même une sorte
de jouet ; non content de l'évoquer, de le donner en spectacle dans les cours et les cabinets de physique, de conjurer son pouvoir dévastateur, de le paralyser au sein de
l'atmosphère ; que sera-ce lorsque, possesseur de la véritable machine électrique, l'homme se sera rendu réellement maître du mystérieux fluide, lorsqu'il le développera,
sous forme d'un courant continu dont il pourra régler à

son gré la puissance et la durée!... Que de merveilles
alors apparaîtront aux yeux du physicien! Que de prodiges s'accompliront par ses mains! Une source de chaleur capable de fondre, de volatiliser, de brûler les substances les plus réfractaires et les plus inaltérables; une
source de lumière dont l'éclat n'est comparable qu'à celui
du soleil; un agent chimique qui rompt l'union intime
des corps réputés jusqu'alors indécomposables, qui coule
et façonne bien mieux que ne pourrait faire le plus habile
ouvrier les métaux vils ou précieux, séparés insensiblement de leurs combinaisons salines; un agent physiologique qui non-seulement imprime aux organes des êtres
vivants une irrésistible impulsion, et engendre les sensa-
tions les plus étranges et les plus variées, mais reproduit
sur des cadavres des mouvements en apparence spon-
tanés, effrayant simulacre des actes volontaires accomplis
pendant la vie; une force motrice enfin pouvant soulever
ou déplacer des poids, mettre en jeu des mécanismes
d'une irréprochable précision, et porter d'un bout du
monde à l'autre la pensée et la parole humaines avec une
incroyable rapidité : tout cela est réuni dans l'admirable
appareil dont nous allons raconter l'origine.

Cet appareil, c'est la PILE DE VOLTA. L'électricité telle
qu'il l'a fait connaître a été appelée *électricité dynamique,*
ou *en mouvement*, par opposition à l'électricité *statique*
ou *en repos*, qu'on avait étudiée auparavant; mais elle
est plus généralement connue sous le nom de GALVANISME.

Aloysius Galvani et Alexandre Volta ont eu, en effet,
l'honneur d'attacher irrévocablement leurs noms à la découverte la plus grande et la plus féconde peut-être dont
l'homme puisse se glorifier. Et pourtant, il faut bien le
dire, la bonne fortune du premier et les erreurs du second ont eu bien plus de part dans cette découverte que
le génie ou la sagacité de ces deux savants, justement
illustres d'ailleurs.

Galvani naquit à Bologne en 1737. Il appartenait à une

honorable famille, dont plusieurs membres s'étaient distingués dans les lettres. En raison de la grande piété qu'il
montra dès son jeune âge, ses parents s'étaient décidés à
le faire entrer dans les ordres sacrés, et lui-même témoi-
gna d'abord l'intention de prononcer des vœux monas-
tiques; mais les événements, sans altérer ses sentiments
religieux, changèrent sa vocation et sa carrière. En même
temps qu'il prenait un goût décidé pour les sciences physiques, et pour la médecine, il conçut une vive affection
pour Lucia Galeazzi, fille d'un de ses professeurs, dont il
était l'élève favori, et avec lequel il avait vécu dans la
plus étroite intimité pendant le cours de ses études à
l'université de Bologne. Il épousa donc cette jeune personne, qui fut pour lui la compagne la plus tendre et la
plus dévouée. En 1762, il reçut le grade de docteur.
Bientôt après il fut nommé professeur de médecine près
l'Institut de sa ville natale, et se signala par des travaux
importants, dont la plupart figurent dans les Mémoires
de cette société. Ces travaux portent principalement sur
des questions de médecine proprement dite, d'anatomie
et de physiologie. Il s'en fallait de beaucoup cependant
que Galvani fût étranger aux autres branches des sciences
naturelles. Il fit plusieurs expériences relatives à l'action combinée de la machine électrique et de la bouteille
de Leyde, à la manière dont l'électricité se comporte dans
le vide, et surtout à l'influence de ce fluide sur le système
nerveux et sur les liquides de l'économie animale. Il se
livrait assidûment à des recherches de ce genre, lorsqu'en
1780 une circonstance toute fortuite vint fixer exclusivement son attention sur un ordre de phénomènes qu'aucun
physicien n'avait eu le bonheur d'observer avant lui, et
qui devait ouvrir aux électriciens des horizons inespérés.
Ce mémorable événement a donné lieu à une vingtaine
d'anecdotes différentes reproduites au hasard, avec une
étrange légèreté, dans les traités de physique, dans les
encyclopédies, et même dans des notices académiques où

l'on aurait droit de trouver, sur un sujet aussi intéressant, des données plus sérieuses et plus authentiques. Par
l'effet d'une tendance commune à la plupart des écrivains,
et dont l'histoire des découvertes scientifiques offre, hélas!
de nombreux exemples, la fable la plus accréditée est
précisément celle qui assigne à l'événement dont nous
parlons l'origine la plus vulgaire; et il est regrettable de
la voir adoptée sans hésitation par Albert, dans son éloge
historique de Galvani, et par Arago, dans sa notice biographique sur Volta.

D'après cette version, aussi puérile qu'invraisemblable,
Galvani, étant enrhumé, aurait prié sa femme de lui
faire préparer *du bouillon de grenouilles.* La cuisinière,
en conséquence, dépouilla un certain nombre de ces animaux, et accrocha leurs pattes de derrière, séparées du
reste du corps, au balcon du laboratoire de Galvani. Elle
remarqua alors avec surprise que toutes les fois que ces
pattes de grenouilles, agitées par le vent, venaient à toucher le fer du balcon, elles étaient agitées de mouvements
convulsifs; Mme Galvani, appelée aussitôt par cette fille,
informa son mari de ce fait extraordinaire; le physicien,
s'étant mis en devoir de découvrir la cause d'un si étrange
phénomène, reconnut, en répétant et en variant l'expérience, qu'il y avait là une action particulière de l'électricité, etc.

Suivant une autre version, ou plutôt suivant une va-
riante de la même version, les pattes de grenouilles, pré-
parées en vue d'un bouillon ou d'une fricassée, auraient
été déposées par Mme Galvani ou par sa servante sur le
support d'une machine électrique, et c'est là que les contractions se seraient produites.

Comment, et dans quel but, des grenouilles destinées à
un usage culinaire avaient-elles été accrochées à un
balcon ou placées sous une machine électrique? Aucun
des auteurs qui ont imaginé ou répété cette pitoyable
anecdote n'a été arrêté par cette difficulté, qu'il serait

cependant assez difficile de résoudre... Mais de pareils
contes ne méritent pas d'être discutés : qu'il nous suffise
de rétablir la vérité, telle qu'elle ressort clairement du
mémoire dans lequel Galvani lui-même a rendu compte
de cet événement. Le noble caractère et l'extrême modestie de ce savant ne doivent laisser aucun doute sur sa
véracité. Il ne fait d'ailleurs, comme on va voir, nulle
difficulté de reconnaître que le hasard le mit sur la voie
des recherches qui devaient amener bientôt, par un enchaînement providentiel de circonstances heureuses, de
si admirables résultats.

« Voici, dit-il, quelle fut l'origine de cette découverte :
« Je disséquai une grenouille, et, me proposant tout
« autre chose, je la plaçai sur la table qui supportait
« une machine électrique; elle ne touchait point au con-
« ducteur de cette machine, et en était même séparée par
« un assez grand intervalle. Un de ceux qui m'assistaient
« dans mes travaux vint à toucher, par hasard, très-lé-
« gèrement, avec la pointe de son scalpel, les nerfs cru-
« raux internes de l'animal. Aussitôt tous les muscles
« des pattes se contractèrent, comme s'ils eussent été
« agités des plus violentes convulsions tétaniques. Une
« autre personne, qui se trouvait là pendant que nous
« faisions des expériences d'électricité, crut remarquer
« que ce phénomène se produisait au moment où l'on tirait
« une étincelle de la machine. Émerveillée d'un fait aussi
« nouveau, elle m'avertit aussitôt. J'étais alors absorbé
« dans mes réflexions, qui avaient alors un objet tout dif-
« férent. Mais, comme mon ardeur pour ce genre d'obser-
« vations est extrême, je me sentis enflammé du désir de
« renouveler l'expérience, et de mettre en lumière ce qu'il
« y avait là de mystérieux. J'approchai donc moi-même la
« pointe du scalpel, tantôt d'un des nerfs cruraux, tantôt
« de l'autre, pendant qu'un des assistants tirait une étin-
« celle de la machine. Le phénomène se manifesta exac-
« tement de la même manière, c'est-à-dire que les

« muscles de chacun des membres furent agités de fortes
« contractions, comme si l'animal eût été pris du tétanos,
« et cela au moment même où jaillissaient les étincelles
« électriques. »

C'était donc Galvani lui-même qui avait disséqué la
grenouille, non pour la faire cuire, mais bien pour en
faire un sujet d'études anatomiques ou physiologiques.
Il est d'ailleurs évident qu'il se livrait, avec le concours
de ses amis et de ses aides, à des expériences dans lesquelles la machine électrique jouait un rôle important;
mais il est aussi hors de doute, d'après son propre aveu,
que ses études et ses expériences n'avaient nullement
pour but de déterminer, au moyen de l'électricité, des
contractions musculaires dans les membres d'une grenouille morte, et que ce phénomène fut accueilli par lui
avec un profond étonnement. Ce n'était, il est vrai, qu'un
effet du *choc en retour* produit par la décharge de la
machine. « Ce phénomène, dit Arago, était très-simple.
« S'il se fût offert à quelque physicien habile, il eût à
« peine attiré son attention. L'extrême sensibilité de la
« grenouille, considérée comme électroscope, aurait été
« l'objet de remarques plus ou moins étendues; mais
« sans aucun doute on se serait arrêté là. Heureusement,
« et par une bien rare exception, le défaut de lumières
« devint profitable. Galvani, très-savant anatomiste, était
« peu au fait de l'électricité. Les mouvements muscu-
« laires qu'il avait remarqués lui paraissant inexpli-
« cables, il se crut transporté dans un monde nouveau.
« Il s'attacha donc à varier ses expériences de mille ma-
« nières (1). »

Ces observations d'Arago portent à faux sur le plus
grand nombre des points. Elles supposent que Galvani
était ignorant en fait de physique et d'électricité, ce qui
est inexact puisqu'il avait dans son laboratoire des appareils à l'aide desquels il se livrait, avec d'autres savants,

(1) *Éloge historique de Volta.*

à des expériences sur l'électricité. Le phénomène du choc
en retour, particulièrement, ne lui était point inconnu,
et s'il fut étonné de voir les pattes de la grenouille se
contracter au moment où l'on tirait une étincelle du conducteur de la machine électrique, ce fut évidemment,
non parce qu'il ne put pénétrer la cause *physique* de ces
contractions, mais parce qu'au point de vue physiologique
il lui parut étrange que les muscles d'un animal mort
s'agitassent ainsi sous l'influence d'une décharge électrique. Il y avait bien là, en effet, de quoi piquer vivement sa curiosité, d'autant que déjà il s'était fort préoc-
cupé de reconnaître le rôle de l'électricité dans les phénomènes de l'économie animale, et son influence sur les
fonctions du système nerveux. Cela explique assez, ce
nous semble, pourquoi, ayant vu dans le fait qui vient
d'être rapporté le point de départ d'une série de découvertes relatives à l'objet de ses études antérieures, il dirigea dès lors exclusivement ses recherches de ce côté,
pensant avec raison que le reste de sa carrière serait
dignement rempli s'il parvenait à éclairer quelques
parties du vaste problème dont la première donnée lui
avait été fournie par le hasard.

Galvani avait consacré six années à cette nouvelle série
de recherches, lorsque, pour constater l'influence de
l'électricité libre sur les nerfs de la grenouille en l'absence
de toute perturbation apparente de l'atmosphère, il s'avisa
de passer un crochet de cuivre à travers la moelle épinière d'un de ces animaux préparé comme à l'ordinaire,
et le suspendit ainsi au balcon du palais Lamboni, qu'il
habitait à Bologne. Mais aucune contraction sensible ne
se produisit. Pendant plusieurs jours il renouvela cette
expérience sans plus de succès.

« Enfin, dit-il, fatigué de cette vaine attente, je me mis
« à presser, à frotter contre les barreaux de fer, les cro-
« chets de cuivre qui traversaient la moelle épinière des
« grenouilles, afin de voir si par ce genre d'artifice les

« contractions musculaires seraient excitées, et si elles se
« modifieraient en quelque façon, suivant les divers états
« électriques de l'atmosphère. J'ai souvent observé, à la
« vérité, des contractions, mais sans que l'état électrique
« de l'atmosphère y fût pour rien. »

La vérité est que les contractions avaient lieu chaque
fois que, par suite des brusques mouvements que Galvani
imprimait aux pattes de grenouilles, les muscles dénudés
venaient à toucher les barreaux du balcon : c'est-à-dire
lorsque, par l'intermédiaire de ces barreaux et des crochets de cuivre, une communication extérieure s'établissait entre la moelle épinière et le nerf crural.

Trompé, comme tout autre probablement l'eût été à sa
place, par le phénomène apparent, et n'attribuant aux
métaux d'autre rôle que celui de simples conducteurs,
Galvani n'hésita pas à conclure, de cette expérience et de
celles qu'il exécuta ensuite dans des circonstances analogues, que le fluide électrique se développait au sein
même de la substance musculaire, et que celle-ci devait
être considérée comme *une bouteille de Leyde organique*,
chargée à l'intérieur d'électricité positive, et à l'extérieur
d'électricité négative. Le corps des animaux renfermait
donc, selon lui, une électricité propre qu'il appelait *électricité animale*, et qui était l'agent essentiel des phénomènes physiques et mécaniques de l'organisme.

Galvani resta toute sa vie fidèle à cette théorie, résultat
de dix années de patientes recherches et de profondes méditations. Hâtons-nous de dire que les travaux des physiciens et des physiologistes de notre temps ont jusqu'à
un certain point justifié ses idées, en mettant hors de
doute le rôle important que joue l'électricité dans les
phénomènes de la vie, et les analogies qu'elle présente
avec l'agent inconnu et mystérieux qu'on désigne sous le
nom d'influx ou de fluide nerveux. Mais la cause réelle
des contractions qu'il avait observées n'était point celle
qu'il supposait, et ses contemporains ne tardèrent pas à

reconnaître qu'il avait pris les choses à contre-sens; que
l'électricité se développait, non dans le muscle, qui agissait à la fois comme un bon conducteur et comme un
électroscope très-sensible, mais bien à la surface des métaux. Il est vrai que les adversaires de Galvani se trompaient, eux aussi, pour la plupart, sur un autre point de
première importance, qui n'a été éclairci que depuis
quelques années : à savoir la cause productrice du dégagement d'électricité, ou, comme on disait alors, la cause
électro-motrice.

Le mémoire que nous avons cité deux fois, et dans
lequel Galvani racontait ses observations et développait
sa théorie, parut en 1791, et causa dans le monde scientifique une profonde sensation. Tous les électriciens
d'Europe se mirent aussitôt à répéter les expériences du
physicien de Bologne, et sa théorie fut, partout où l'on
pensait sur de pareilles matières, le sujet de discussions telles qu'en avaient provoqué naguère les idées
de Franklin lorsqu'elles avaient pour la première fois
franchi l'océan Atlantique. Elles durèrent jusqu'à la mort
de Galvani, qui ne tarda pas à demeurer à peu près seul
de son parti, et qui ne cessa de poursuivre avec un zèle
infatigable la démonstration expérimentale de son système. Ce fut dans ce but qu'il entreprit, en 1797, malgré
le mauvais état de sa santé, un voyage le long des côtes
de l'Adriatique, afin d'étudier les poissons électriques.
Au retour de ce voyage, Galvani eut la douleur de voir
mourir sa chère compagne. Puis d'autres revers vinrent
le frapper : les Français envahirent l'Italie; Bologne fut
annexée à la république cisalpine, et, sur son refus de
prêter serment au nouveau gouvernement, Galvani fut
d'abord destitué de ses emplois. Les soucis de la pauvreté,
les privations qu'elle impose, achevèrent de détruire la
santé de l'infortuné physicien, qui mourut en 1798,
comme il venait d'être réintégré dans ses fonctions de
professeur.

On conçoit que les physiciens se soient montrés peu favorables aux opinions théoriques de Galvani, et qu'ils n'aient pas eu de peine à en trouver le côté faible.

Mais ses confrères, les médecins, les physiologistes, firent à ses découvertes un tout autre accueil. Frappés surtout, et avec raison, de l'importance capitale du fait qui avait été le point de départ de ses investigations, et laissant aux physiciens le soin de l'expliquer, ils s'empressèrent à l'envi de répéter ses expériences, non plus seulement sur des pattes de grenouilles, mais sur des animaux de grande taille, et même sur le corps humain. Le galvanisme leur apparaissait comme un agent précieux qui permettrait de déterminer d'une manière précise le rôle des diverses parties du système nerveux et du système musculaire dans l'ensemble des fonctions vitales; et déjà sans doute plusieurs d'entre eux prévoyaient qu'on en pourrait un jour tirer utilement parti dans la pratique médicale, pour le diagnostic et le traitement de certaines maladies.

La première expérience galvanique sur une partie du corps humain fut faite en France, dès 1793, par le célèbre Larrey, qui débutait alors brillamment dans l'art chirurgical. Un homme avait eu la jambe écrasée par une voiture; l'amputation de la cuisse fut jugée nécessaire. Ayant effectué cette opération, Larrey s'empara du membre coupé, disséqua le nerf qu'on nomme *poplité* et toutes ses ramifications, enveloppa le tronc de ce nerf d'une feuille de plomb, et mit les muscles à découvert. Lorsque, au moyen d'une lame d'argent, il toucha à la fois l'armature de plomb et les muscles, la jambe entière et même le pied éprouvèrent des mouvements convulsifs très-intenses.

Cette expérience fut répétée aussitôt, avec le même succès, par plusieurs chirurgiens, notamment par Dumas, Richerand, Dupuytren et J.-J. Sue. Puis un grand nombre de physiciens français et étrangers s'appliquèrent à la varier, en provoquant des contractions dans les divers organes de l'homme et des animaux. Au nombre de ces derniers expérimentateurs, il faut citer Volta, Mazzini, Vialli, Pfaff, Humboldt et le célèbre anatomiste Bichat. Mais alors la pile n'existait pas encore, et l'on opérait simplement avec un arc métallique, tel que Galvani l'avait employé, et qui ne permettait d'obtenir que de très-faibles effets. Lorsque, dans les premières années de notre siècle, Volta eut doté la science de l'appareil qui porte son nom, les physiologistes s'empressèrent de mettre à profit une si précieuse découverte. Alors eurent lieu en France, en Angleterre, en Allemagne, ces expériences fameuses de galvanisation des cadavres, qui souvent frappèrent les opérateurs eux-mêmes d'un étonnement mêlé d'horreur.

Les premiers qui essayèrent sur des cadavres humains les effets de la pile de Volta furent trois physiciens piémontais : Giulio, Rossi et Vassali-Endi. Ils prirent pour sujets de leurs expériences les corps de trois individus décapités à Turin, et reconnurent que le cœur était susceptible de se contracter par l'action du courant électrique, mais que cette contractibilité disparaissait quarante minutes environ après la mort.

A Paris, un certain nombre de médecins et de chirurgiens, entre autres le célèbre Guillotin, formèrent une société dite *Société galvanique*, dans le but d'étudier ce genre de phénomènes. A Bologne, Jean Aldini, neveu et collaborateur de Galvani, fit aussi de curieux essais sur des cadavres de suppliciés.

Ce physicien se rendit ensuite à Londres, où, de concert avec le docteur Koate, président du collège des chirurgiens, il exécuta sur le cadavre d'un nommé Forter, pendu pour crime d'assassinat, des expériences qui eurent un grand retentissement. Celles qu'il fit en France, à l'École vétérinaire d'Alfort, sur de grands animaux, ne sont pas moins remarquables. La tête d'un bœuf placée sur une table fut soumise à un courant électrique. Les yeux s'ouvrirent, et roulèrent dans leurs orbites ; les naseaux s'enflèrent, les oreilles frémirent, comme si l'animal eût été plein de vie et de fureur. Un cheval mort, couché sur une autre table et galvanisé, détacha des ruades qui brisèrent des appareils qu'on avait négligé d'éloigner suffisamment, et faillirent renverser et blesser plusieurs assistants.

A Mayence, au mois de novembre 1803, un célèbre chef de brigands nommé Schinderbannes fut décapité avec dix-neuf de ses complices. Les médecins de la ville s'empressèrent de faire tourner au profit de la science cet acte terrible de la justice humaine. Une cabane fut construite à peu de distance du lieu de l'exécution, pour recevoir les cadavres à mesure qu'ils sortiraient des mains du bourreau. Nous n'entrerons point dans le récit des expériences auxquelles se livrèrent les physiologistes mayençais ; il nous suffira d'énoncer les principales conclusions qu'ils crurent pouvoir en tirer, à savoir :

Que les contractions musculaires qu'on obtient au moyen de la pile de Volta sur les individus récemment mis à mort reproduisent mécaniquement, de la manière la plus parfaite, les mouvements effectués pendant la vie ;

Que l'action de la pile est d'autant plus sensible, que le courant électrique suit plus exactement la direction des nerfs ;

Que les muscles soumis pendant la vie à l'empire de la volonté obéissent, mieux que ceux qui en sont indépendants, à l'agent électrique ;

Que l'électricité statique produit sur les organes des effets analogues à ceux de la pile, mais moins intenses et moins durables.

Citons en dernier lieu les expériences qui furent exécutées à Glasgow, en 1818, sur le corps d'un assassin nommé Clydsdale. Avant l'exécution, le docteur Andrew Ure et quelques autres personnes avaient acheté de ce malheureux sa propre dépouille. Parmi ces personnes, il

en était, assure-t-on, qui ne se flattaient pas moins que
de rappeler à la vie le supplicié, puis de le guérir, de le
catéchiser, et enfin de le faire rentrer dans le sentier de la
vertu. L'intention était bonne assurément; mais, pour
que l'espérance conçue par ces honorables philanthropes
pût se réaliser à la rigueur, il eût fallu que le bourreau
consentît à entrer dans leurs vues ou ne sût pas bien son
métier. Il n'en fut pas ainsi. Le corps de Clydsdale ne fut
apporté dans l'amphithéâtre du docteur Ure qu'après être
resté pendant une heure attaché au gibet. Cependant la
face avait son aspect naturel, et le cou n'offrait aucune
trace de dislocation.

Une pile puissante, de deux cent soixante-dix couples,
avait été préparée. Chacun des fils conducteurs communiquant avec les deux pôles se terminait par une
pointe, et était muni près de son extrémité d'une petite
garniture isolante. En faisant passer, au moyen de ces
pointes, dans les différentes parties du système nerveux
le courant produit par la pile, on réussit à déterminer
dans les membres et dans tous les muscles du corps tous
les mouvements qui s'accomplissent pendant la vie, et cela
avec une intensité prodigieuse. L'illusion fut si complète,
et les phénomènes se produisirent dans certains moments
avec tant de violence et un caractère si étrange, qu'un des
assistants tomba évanoui d'horreur.

Quant au docteur Ure, il déclara, à la suite de ces étonnantes expériences, être porté à penser que « si, sans entamer et sans blesser la moelle épinière, ainsi que les vaisseaux sanguins du cou, on eût mis en jeu d'abord les
organes respiratoires, comme il l'avait proposé, il n'était
pas improbable que la vie eût pu être restaurée. » C'est-à-
dire sans doute que, selon lui, Clydsdale n'était pas mort
lorsqu'on l'avait apporté; car nous ne supposons pas que
ce savant physiologiste fût assez insensé pour attribuer à
quelque puissance humaine que ce soit le pouvoir de
ressusciter un cadavre. Mais que l'électricité soit plus ca-

pable qu'aucun autre excitant de rappeler à la vie, dans
certains cas, les hommes ou les animaux chez lesquels le
principe vital subsiste encore, si l'on peut ainsi dire, à
l'état latent, et qui, abandonnés à eux-mêmes ou traités
par des moyens moins énergiques, périraient infaillible-
ment, cela ne semble pas contestable. En réfléchissant
aux expériences que nous venons de mentionner, on est
également frappé de l'analogie d'effets, sinon de nature, qui existe entre le fluide électrique et l'influx nerveux, qui paraît être l'agent immédiat des phénomènes
vitaux. L'expérience physiologique et même la pratique
médicale ont démontré d'ailleurs l'action évidente, mais
encore imparfaitement déterminée, qu'exerce l'électricité
sur ces phénomènes, soit dans l'état normal, soit dans
l'état morbide, et l'on sait que depuis quelques années
on a essayé, non sans succès, d'utiliser cette action pour
le traitement d'un certain nombre de maladies. Ce moyen
thérapeutique, préconisé par plusieurs médecins fort entendus en leur art, paraît surtout applicable aux maladies
nerveuses et à la paralysie. Quoi qu'il en soit, les remarquables expériences galvaniques exécutées au commencement de ce siècle ont un intérêt plus réel et plus élevé
que celui qui s'attache à des scènes étranges et en apparence surnaturelles. En révélant un ordre de phénomènes
que jusqu'alors on n'avait point soupçonné, elles ont ouvert à la science un nouveau champ de recherches, une
nouvelle source d'applications; elles ont en outre établi
un lien de plus entre la physique et la physiologie, et ce
résultat seul suffirait pour leur donner, aux yeux du philosophe, une grande valeur. On doit, en effet, considérer
comme un bienfait toute découverte qui accroît ou per-
fectionne nos moyens d'investigation, et contribue à ci-
menter la solidarité féconde des diverses branches de la
science.

CHAPITRE XIII

Alexandre Volta. — Sa vie et ses travaux. — Discussions soulevées en
Europe par la publication des expériences et de la doctrine de Galvani. — Opinion de Volta. — Électricité métallique. — Les *galvanistes*
et les *voltaïstes*. — La pile. — Effets obtenus et découvertes accomplies
au moyen de cet appareil par Nicholson, Carlisle et Humphry Davy.
— Volta à l'Institut de France. — Enthousiasme et sympathie de
Napoléon. — Prix fondés par le premier consul. — H. Davy et l'électro-chimie. — Œrsted et l'électro-magnétisme.

Nous avons parlé dans le chapitre précédent de la
grande discussion que souleva parmi les électriciens la
théorie par laquelle Galvani prétendait expliquer les faits
étranges qu'il avait le premier observés. Selon lui, la
substance musculaire était une bouteille de Leyde organique, chargée à l'intérieur et à l'extérieur des deux fluides
contraires, dont la recomposition s'opérait par le moyen
de l'arc métallique, et il n'attribuait à ce dernier d'autre
rôle que celui d'un simple conducteur. Plusieurs physiciens refusant d'admettre cette explication cherchèrent
à rendre compte du phénomène par une autre théorie.
Galvani compta d'abord au nombre de ses partisans un
savant professeur de Pavie qui s'était déjà fait connaître
par d'importants travaux et par la découverte de l'élec-
trophore, de l'eudiomètre et du condensateur électrique.
Ce professeur s'appelait ALEXANDRE VOLTA.

Il était né en 1743, à Côme dans le Milanais, d'une famille patricienne, et avait été élevé dans sa ville natale.
Dans sa jeunesse, il avait d'abord montré un penchant
décidé pour les lettres, mais en même temps une grande
admiration pour les découvertes des savants. Ainsi de
deux poëmes qu'il composa l'un avait pour sujet l'ascen-
sion de Saussure au mont Blanc, et l'autre les plus remarquables phénomènes de la chimie. Peu à peu le goût des
études scientifiques prit en lui le dessus ; il finit par s'y

consacrer entièrement, et s'occupa surtout d'électricité.
Dès l'âge de seize ans, il entretenait sur cette partie de la
physique une correspondance suivie avec l'abbé Nollet,
et en 1769, c'est-à-dire à l'âge de 21 ans, il adressa au
P. Beccaria une dissertation écrite en latin sous ce titre :
De Vi attractiva ignis electrici (De la Force attractive du
feu électrique).

En 1774 il fut nommé professeur de philosophie naturelle à l'université de Pavie. Il fit, de 1777 à 1782, des
excursions scientifiques en Suisse et en Toscane. Il visita
ensuite l'Allemagne, la Hollande, puis l'Angleterre, où il
se mit en relation avec plusieurs savants éminents, et se
lia particulièrement avec sir Joseph Banks, de la Société
royale de Londres. Il rentra dans sa patrie après avoir
traversé la France, et l'on dit qu'il introduisit en Lom-
bardie la pomme de terre, dont il avait pu observer la
culture en Savoie.

Ce fut en 1775, deux ans environ avant son départ pour
la Suisse, qu'exécutant quelques expériences relatives à
la non-conductibilité, pour le fluide électrique, du bois
imprégné d'huile, il fut conduit à l'invention de l'*électro-
phore,* sorte de machine électrique très-simple et très-peu
coûteuse qu'on voit dans tous les cabinets de physique.
Il imagina plus tard (1782) un autre appareil analogue
au précédent, et qu'il désigna sous le nom de *condensateur électrique,* parce qu'on y peut, en effet, par un
moyen très-simple et sans aucun effort, accumuler une
assez grande quantité d'électricité. Volta donna dans les
Transactions philosophiques (tome LXXII) une description
de son condensateur, et exposa dans le même travail
comment cet appareil lui avait permis de constater la
présence de l'électricité négative dans la vapeur d'eau,
dans la fumée de charbon et dans le gaz (l'hydrogène) qui
se dégage lorsqu'on plonge du fer dans de l'acide sulfurique étendu d'eau. Il employait, avec le condensateur,
un électromètre à peu près semblable à celui dont on se

sert aujourd'hui. C'étaient deux brins de paille suspendus
sous une cloche de verre, contre un arc de cercle divisé.
Ces brins étaient accrochés à une petite tige métallique,
traversant la cloche à son sommet, et terminée en dehors
par une boule de laiton. Lorsqu'on approchait de cette
boule un corps électrisé, les deux pailles, électrisées elles-
mêmes semblablement par ce contact, s'éloignaient l'une
de l'autre, et leur écartement, apprécié au moyen de l'arc
de cercle, donnait la mesure de la tension électrique du
corps soumis à l'épreuve.

En 1777, Volta inventa l'élégant appareil appelé lampe
à hydrogène ou *lampe philosophique*, et l'instrument
connu sous le nom de pistolet électrique, ou *pistolet de
Volta*. Vers le même temps, il détermina les proportions
d'oxygène et d'azote qui entrent dans la composition de
l'air atmosphérique, en enfermant dans un tube de verre
épais un volume donné d'air, avec une certaine quantité
d'hydrogène, et en faisant passer à travers ce mélange une
étincelle électrique. La diminution du volume total, produite par la combinaison de l'oxygène et de l'hydrogène
ainsi transformés en eau, lui fit connaître directement
les proportions qu'il cherchait, et l'appareil dont il se
servit en cette occasion est encore celui qui, modifié et
perfectionné, est employé de nos jours dans les labora-
toires sous le nom d'*eudiomètre*, pour les expériences de
ce genre.

Mais c'est surtout à l'admirable appareil dont il a doté
la science et l'industrie, c'est à la PILE ÉLECTRIQUE que le
nom de Volta doit son immortalité. Avant de raconter les
circonstances de cette découverte, une des plus importantes des temps modernes, terminons en quelques mots
la courte esquisse que nous avons cru devoir tracer de la
vie d'un homme si justement célèbre.

Lorsqu'en 1796 Bonaparte entra pour la première fois
en Italie, Volta fit partie de la députation qui lui fut
envoyée pour implorer sa protection. Bonaparte ne man-

qua dès lors aucune occasion de témoigner à l'illustre
savant la haute estime qu'il faisait de son mérite. Il le
fit nommer délégué de l'université de Pavie au congrès
qui fut tenu à Lyon pour élire le président de la république Cisalpine. En 1801, comme nous le verrons tout à
l'heure, il le fit venir à Paris pour exécuter devant les
membres de l'Institut des expériences à l'aide de la pile.
Outre la médaille que lui décerna alors l'Académie des
sciences, Volta reçut plus tard les titres de chevalier de
la Légion d'honneur et de la Couronne de fer, de comte
et de sénateur du royaume d'Italie. Il était depuis 1791
membre adjoint de la Société royale de Londres, et l'Institut de France s'était empressé en 1801 de l'inscrire au
nombre de ses associés étrangers. En 1814, il obtint la
permission de résigner ses fonctions de professeur, et se
retira à Côme, sa ville natale, où il mourut le 5 mars
1826, à la suite d'une violente attaque de fièvre.

Il s'était marié en 1794, et avait eu trois enfants, dont
il dirigea lui-même l'éducation. Sa vie fut celle d'un
homme de bien. Sa perte, vivement sentie par tous ceux
qui l'avaient connu, fut déplorée comme un malheur
public par tous les amis de la science, mais surtout par
ses concitoyens, qui firent frapper une médaille en son
honneur et lui élevèrent un monument en signe de reconnaissance et d'admiration.

Lorsque Galvani avait publié ses observations et ses
idées sur l'*électricité animale*, Volta les avait d'abord acceptées sans réserve, et s'était même signalé parmi les dé-
fenseurs de cette ingénieuse et séduisante théorie. Mais
bientôt, en répétant lui-même avec attention les expériences du physiologiste de Bologne, il remarqua que les
contractions musculaires de la grenouille étaient incom-
parablement plus intenses lorsque l'arc excitateur était
formé de deux métaux au lieu d'être d'une seule pièce et
d'un seul métal. Il en conclut que le principe d'excitation
résidait dans ces métaux, et non, comme le soutenait Gal-

vani, dans les muscles de l'animal. Mais ce principe, en quoi consistait-il? Quelle était la cause réelle du dégagement d'électricité? Volta n'en vit point d'autre que le contact même des métaux, et à l'hypothèse de l'*électricité animale,* admise par Galvani, il opposa celle de l'*électricité métallique.* La discussion s'engagea dès lors entre les deux physiciens et leurs partisans respectifs sur ces théories contraires, dont l'une, il faut bien le dire, n'était pas plus fondée que l'autre. Volta peu à peu élargit la sienne, et s'efforça d'établir que le dégagement d'électricité s'opérait toujours par le seul fait du contact de substances hétérogènes, métalliques ou autres. C'était là une affirmation purement arbitraire et une erreur grave, comme on l'a depuis longtemps reconnu; elle fut néanmoins adoptée par un grand nombre de physiciens. La lutte prit bientôt des proportions immenses. Pendant sept années, le monde savant fut partagé en deux camps : celui des *Galvanistes* et celui des *Voltaïstes.* Quiconque s'occupait de sciences physiques et d'électricité était contraint, s'il voulait se faire écouter, de se ranger sous l'une ou l'autre des bannières rivales. C'est pourquoi, au milieu du tumulte de ce grand débat où les deux partis se trompaient également et s'escrimaient dans les ténèbres, on entendit à peine la voix du seul homme qui entrevît clairement la vérité. Cet homme était un chimiste florentin, nommé Fabroni. Il exposa pour la première fois ses idées dans un mémoire adressé à l'Académie de Florence en 1792, et les reproduisit plus tard (1799) à Paris devant l'Académie des sciences. Rejetant à la fois la théorie de Galvani et celle de Volta, il démontrait que le nouveau *stimulus* électrique, dont l'action se manifestait dans les expériences du physicien de Bologne, résidait non dans la matière musculaire, ni dans le simple contact des métaux, mais dans l'action chimique exercée sur ceux-ci par l'oxygène de l'air ou de l'eau, à la faveur de ce même contact. Cette explication était vague et incomplète, mais c'était au moins une indication, un aperçu de la vraie théorie électro-chimique. Elle eut le malheur de se produire au moment où la majorité des physiciens proclamait à l'envi le triomphe de Volta. Celui-ci acheva de terrasser ses adversaires et d'exalter l'enthousiasme de ses partisans, en créant l'appareil qui était en quelque sorte la matérialisation de ses idées, et semblait donner à sa doctrine l'irrésistible consécration de l'expérience.

Cet appareil, tel qu'il le construisit pour la première fois en 1800, était bien, comme son nom l'indique, une véritable *pile* de disques d'argent et de zinc superposés par couples, chaque couple étant séparé du suivant par une rondelle de drap mouillé. La pile, composée d'une vingtaine de ces couples, reposait sur un plateau portant trois baguettes de bois verticales qui servaient à la maintenir. Des deux extrémités ou *pôles*, c'est-à-dire de la première et de la dernière rondelle, partaient des fils métalliques destinés à établir le courant électrique.

La forme et la disposition de la pile ont été plusieurs fois modifiées depuis le commencement du siècle, d'abord par Volta lui-même, puis par beaucoup d'autres physiciens; si bien que les appareils dont on fait usage aujourd'hui, quoique fondés toujours sur le même principe, n'ont plus d'ailleurs aucune ressemblance avec l'appareil primitif, dont elles continuent néanmoins de porter le nom. Nous ne suivrons pas la pile de Volta dans la longue série de ses transformations : ce serait l'histoire d'un demi-siècle de recherches, d'expériences et de découvertes d'un haut intérêt scientifique, mais dont l'étude est par cela même en dehors de notre cadre.

Revenons à Volta. Ce physicien ne tarda pas à reconnaître que son instrument *électro-moteur*, comme il l'appelait, acquérait une puissance sensiblement plus grande lorsqu'à l'eau pure, dont il avait d'abord imbibé les rondelles de drap, on substituait de l'eau acidulée; mais ce fait ne lui fit point ouvrir les yeux sur la cause réelle et purement chimique du dégagement d'électricité. Il persista à soutenir que ce dégagement était dû au simple contact des métaux différents; que le liquide interposé ne jouait d'autre rôle que celui de simple conducteur, et que si l'eau acidulée augmentait l'intensité du courant, c'était seulement en conduisant mieux que l'eau pure le fluide électrique.

Il était loin aussi de soupçonner, au début, tous les prodiges que devait plus tard accomplir la pile, grâce à la multiplicité de ses effets physiques, chimiques et physiologiques. Il en adressa, vers le milieu de l'année 1800, une description détaillée à son ami sir Joseph Banks, président de la Société royale de Londres, qui, avant même d'en donner lecture officiellement à cette compagnie, en communiqua des extraits à plusieurs de ses confrères, notamment au chirurgien Anthony Carlisle, à Nicholson, à Cruikshank et au célèbre chimiste Humphry Davy. C'est principalement à la sagacité profonde, à la haute intelligence de ces savants qu'on doit la découverte des propriétés merveilleuses de la pile et du rôle de premier ordre qui lui était réservé dans l'avenir.

Ainsi Nicholson et Carlisle opérèrent les premiers, le 2 mai 1800, la décomposition de l'eau par la pile. Nicholson, peu de temps après, reconnut que le courant voltaïque décomposait aussi les oxydes et les sels métalliques. Davy, qui devait plus tard accomplir à l'aide du même appareil la décomposition des bases alcalines et isoler des métaux jusqu'alors inconnus, Davy constata en 1801 que, contrairement à l'opinion de Volta, « le galvanisme est un procédé purement chimique et dépend entièrement de l'oxydation des surfaces métalliques. » Cette opinion fut confirmée bientôt par les expériences d'un autre chimiste anglais, Wollaston, en même temps que Parrott à Saint-Pétersbourg et Gautherot en France arrivaient à des conclusions semblables.

Cependant Volta avait obtenu du gouvernement de la

république Cisalpine, vers la fin de 1800, l'autorisation
de se rendre à Paris avec son collègue Brugnatelli, pour
conférer avec les physiciens français sur les nouveaux
phénomènes électriques. Ce voyage fut pour lui une suite
de triomphes. Jamais, depuis Franklin, aucun savant
étranger n'avait produit, en arrivant dans la capitale de
la France, une pareille sensation.

Il lut devant la première classe de l'Institut national
(ainsi s'appelait alors l'Académie des sciences), dans les
séances des 16, 18 et 20 brumaire an IX (novembre 1800),
un volumineux mémoire contenant l'exposé de ses découvertes. A la fin de chaque séance, il exécutait les expériences correspondant aux parties de son mémoire qu'il
venait de lire. Ces expériences impressionnèrent vivement
les membres de l'Institut, et particulièrement le premier
consul Bonaparte, qui devint dès lors l'admirateur enthousiaste et le protecteur déclaré de Volta. Bonaparte demanda
qu'une commission fût nommée pour répéter en grand les
expériences relatives au galvanisme, qu'un rapport fût
présenté à la classe sur ces expériences, et que la commission se prononçât sur la récompense à décerner à leur
premier auteur. On pense bien que cette proposition fut
approuvée unanimement. La commission était composée
de Laplace, Monge, Guyton-Morveau, Fourcroy, Vau-
quelin, Coulomb, Hallé, Pelletan, Charles, Sabatier et
Biot. Ce dernier, nommé rapporteur, lut, dans la séance
du 2 frimaire an IX (décembre 1800), un remarquable
rapport qui résumait et expliquait avec une grande clarté
l'ensemble des idées de Volta, et qui se terminait par cette
phrase :

« Sur la demande qui a été faite par un de vos membres (ce membre n'était autre que le premier consul), et
que vous avez renvoyée à la commission, nous vous pro-
posons d'offrir au citoyen Volta la médaille de l'Institut
en or, comme un témoignage de la satisfaction de la classe,
pour les belles découvertes dont il vient d'enrichir la

théorie de l'électricité, et comme une preuve de sa reconnaissance pour les lui avoir communiquées. »

En même temps que cette médaille, Volta reçut du premier consul une somme de six mille francs à titre d'indemnité pour les dépenses de son voyage.

L'enthousiasme de Bonaparte pour le galvanisme s'accrut encore lorsqu'il connut les beaux résultats obtenus au moyen de la pile par les physiciens anglais. Il comprit qu'il y avait là tout un monde de phénomènes étonnants et d'applications fécondes. Lui qui faisait peu de cas de la machine à vapeur et qui devait rejeter l'invention de Fulton comme une chimère ridicule, par une assez bizarre contradiction il conçut à l'égard de l'électricité les plus magnifiques espérances, et ne négligea rien pour encourager les physiciens à fouiller avec ardeur cette partie des secrets de la nature. Au milieu même des plus graves circonstances, du tumulte de la guerre et des complications de la politique, cette pensée ne cessait de l'occuper. Au mois de juin 1801 (prairial an X), il écrivit d'Italie au ministre Chaptal une lettre qui montre assez de quelle valeur étaient à ses yeux les recherches relatives à l'électricité. Voici le texte de cette lettre, datée du 26 prairial.

« J'ai l'intention, citoyen ministre, de fonder un prix consistant en une médaille de trois mille francs, pour la meilleure expérience qui sera faite dans le cours de chaque année sur le fluide galvanique; à cet effet, les mémoires qui détailleront lesdites expériences seront envoyés, avant le 1er fructidor, à la première classe de l'Institut national, qui devra, dans les jours complémentaires, adjuger le prix à l'auteur de l'expérience qui aura été la plus utile à la marche de la science.

« Je désire donner en encouragement une somme de soixante mille francs à celui qui par ses expériences et ses découvertes fera faire à l'électricité et au galvanisme un pas comparable à celui qu'ont fait faire à ces sciences Franklin et Volta, et ce, au jugement de la classe.

« Les étrangers de toutes les nations seront également admis au concours.

« Faites, je vous prie, connaître ces dispositions au président de la première classe de l'Institut national, pour qu'elle donne à ces idées les développements qui lui paraîtront convenables ; mon but spécial étant d'encourager et de fixer l'attention des physiciens sur cette partie de la physique, qui est à mon sens le chemin des grandes découvertes. »

Ce grand prix de soixante mille francs ne fut jamais décerné. Celui de trois mille francs le fut, en 1808, à Davy, pour ses beaux travaux sur le rôle de l'électricité dans les phénomènes chimiques. Ces travaux méritaient sans doute une plus haute récompense et remplissaient parfaitement les conditions posées par le premier consul et par l'Institut pour l'obtention du grand prix. Ils firent bien faire à la science « un pas comparable à ceux que lui avaient fait faire Franklin et Volta » ; et l'on peut bien dire aussi, selon les expressions de M. Biot, interprète de la commission nommée pour réaliser le vœu du premier consul, « qu'ils formaient dans l'histoire de l'électricité et du galvanisme une époque mémorable. » Le mérite de Davy, en effet, n'était pas seulement d'avoir contribué à corriger l'erreur capitale de Volta et à donner la vraie théorie de l'action de la pile ; ce n'était pas seulement d'avoir, à l'aide de cet appareil, dédoublé les alcalis et les oxydes rebelles à tous les autres agents de décomposition, d'avoir découvert quatre métaux nouveaux, le *potassium*, le *sodium*, le *baryum* et le *strontium*; d'avoir basé sur ses observations l'admirable théorie des affinités chimiques et la classification rationnelle des corps simples. C'était aussi et surtout d'avoir, par l'ensemble de ses découvertes, ajouté à l'électrologie une nouvelle branche qui est à elle seule toute une science, l'ÉLECTRO-CHIMIE, science non moins féconde qu'aucune autre en applications utiles, et à laquelle nous devons l'art merveilleux de la galvanoplastie.

Mais, à l'époque où Davy accomplit toutes ces grandes choses, une lutte acharnée et terrible était engagée entre la France et l'Angleterre ; le blocus continental, les dépenses de la guerre, le dépérissement de l'industrie'et du commerce avaient épuisé le trésor public ; peut-être l'empereur n'était-il pas alors en mesure de tenir la promesse faite sept ans auparavant par le premier consul. Peut-être l'Académie des sciences ne sut-elle pas apprécier à leur haute valeur les découvertes de Davy. Quoi qu'il en soit, ce fut encore un noble exemple donné au monde, que cette récompense décernée par une assemblée de savants français à un savant étranger, bien plus, à un citoyen de la nation même qu'on regardait comme la plus dangereuse et la plus irréconciliable ennemie de la nôtre.

Après les découvertes de Davy, la plus remarquable sans contredit que notre siècle ait vue éclore est celle que fit en 1820 le physicien danois Œrsted, professeur à Copenhague. Celle-ci doit, comme celles de Franklin, de Volta et du chimiste anglais, être mise au nombre des grands événements scientifiques. Elle a également ouvert aux physiciens un champ nouveau d'investigations ; elle a donné naissance à une troisième branche de l'électrologie ; elle a fait connaître l'action réciproque de l'électricité et du magnétisme, et en nous apprenant à combiner les effets de ces mystérieux agents elle a fait de l'électricité une véritable force motrice, d'une précision, d'une puissance et d'une rapidité extraordinaires ; elle l'a rendue applicable à la mécanique ; elle a été enfin le point de départ de l'œuvre la plus étonnante du génie scientifique et industriel des temps modernes : la TÉLÉGRAPHIE ÉLECTRIQUE.

CHAPITRE XIV

Nous avons raconté ailleurs l'histoire du télégraphe
électrique (1), depuis son origine jusqu'à l'année 1853.
Nous nous bornerons donc à reproduire ici les principales
circonstances de cette histoire, qui est aussi celle des progrès de la science de l'*électro-magnétisme,* dont la télégraphie nouvelle est, comme nous venons de le dire, la plus
belle et la plus utile application. Nous essaierons ensuite
de donner une idée des développements que cette application a reçus depuis l'époque où s'arrêtait notre précédente notice, des nouvelles combinaisons dont elle s'est
enrichie, et surtout de la mémorable tentative faite il y
a peu de temps pour relier par une communication électrique l'ancien et le nouveau continent.

Œrsted avait reconnu qu'un courant électrique circulant autour d'une aiguille aimantée, même à une certaine
distance de celle-ci, la faisait sensiblement dévier de sa
direction habituelle. Bientôt après un physicien alle-
mand, Schweiger, remarqua que chaque circonvolution
du fil conducteur augmentait la force du courant d'une
quantité égale à celle que produit un seul circuit, pourvu
que le fil fût isolé sur toute sa longueur. Il fonda sur cette
importante observation un appareil appelé *galvanomètre,*

---

(1) *Délassements instructifs,* 1 vol. in-12, Tours, Ad Mame et Cie
1855. (Notice sur les Télégraphes.)

multiplicateur ou *rhéomètre*, dont on se sert pour augmenter l'intensité de l'action galvanique sur les aimants.

Un savant amateur, le baron Schilling, construisit à Saint-Pétersbourg, en 1833, un télégraphe électrique, en faisant usage du précieux instrument imaginé par Schweiger, et en s'inspirant d'une idée émise dès l'année 1820 par Ampère, une des gloires scientifiques de la France.

Lorsqu'il avait eu connaissance des expériences d'OErsted, Ampère avait aussitôt conçu la pensée d'utiliser l'action du courant galvanique sur l'aiguille aimantée pour l'établissement d'un système de télégraphie infiniment plus rapide que ceux qu'on avait employés ou proposés jusque-là.

« On pourrait, écrivait-il en octobre 1820 (1), au
« moyen d'autant de fils conducteurs et d'aiguilles ai-
« mantées qu'il y a de lettres, et en plaçant chaque lettre
« sur une aiguille différente, établir à l'aide d'une pile
« placée loin de ces aiguilles, et qu'on ferait communi-
« quer alternativement par ses deux extrémités à celles
« de chaque fil conducteur, une sorte de télégraphe pro-
« pre à écrire tous les détails qu'on pourrait transmettre,
« à travers quelques obstacles que ce soit, à la personne
« chargée d'observer les lettres placées sur les aiguilles.
« En établissant sur la pile un clavier dont les touches
« porteraient les mêmes lettres, et établiraient la commu-
« nication par leur abaissement, ce moyen de correspon-
« dance pourrait avoir lieu avec assez de facilité, et
« n'exigerait que le temps nécessaire pour toucher d'un
« côté et lire de l'autre chaque lettre. »

Le télégraphe construit par le baron Schilling n'était que la réalisation du projet d'Ampère, déjà perfectionné et simplifié. Cinq fils de platine enduits de gomme laque et enveloppés de soie communiquaient à l'une des sta-

(1) *Annales de physique et de chimie*, t. XV.

tions, avec un clavier à autant de touches, au moyen desquelles on pouvait diriger dans l'un quelconque de ces fils le courant produit par une pile. A l'autre station, chaque fil aboutissait à un rhéomètre agissant sur une aiguille aimantée. Chaque aiguille ayant deux mouvements, les cinq fils de platine permettaient d'indiquer les dix caractères de la numération, et par suite, à l'aide d'une *clef* convenue, les lettres, les syllabes, les mots, les phrases même nécessaires à l'expressisn de la pensée. L'empereur Nicolas se proposait de faire établir entre les diverses parties de la Russie des lignes télégraphiques d'après ce système, lorsque le baron Schilling mourut sans laisser après lui personne qui fût capable de le remplacer. En 1837, un télégraphe semblable fut essayé en Écosse par Alexander, d'Édimbourg.

Sur ces entrefaites, une nouvelle découverte, non moins importante que celle d'OErsted, vint renverser le dernier obstacle qui s'opposait encore à l'établissement définitif de la télégraphie électrique en Europe. Cette découverte, due à François Arago, est celle d'une loi connue en physique sous le non d'aimantation temporaire, et qui peut se formuler ainsi :

1° Un courant galvanique circulant autour d'une lame de fer doux, c'est-à-dire parfaitement pur, lui communique immédiatement les propriétés de l'aimant naturel ; 2° ces propriétés sont d'autant plus énergiques, que le fil conducteur forme autour d'un morceau de fer doux un plus grand nombre de spires indépendantes les unes des autres ; 3° l'aimantation disparaît dès que le courant s'arrête, et reparaît aussitôt qu'il recommence à circuler.

L'appareil au moyen duquel on produit ce phénomène porte le nom d'*électro-aimant*. C'est un cylindre de fer doux, autour duquel un fil métallique parfaitement recouvert d'une substance non-conductrice s'enroule comme un fil ordinaire autour d'une bobine. On a deviné que l'électro-aimant est le moteur et l'âme du télégraphe électrique, et qu'une fois en possession de ce précieux instrument on n'eut plus, pour ainsi dire, que l'embarras du choix entre les différentes manières de l'employer.

Voici en quoi consiste le mécanisme fondamental du télégraphe électrique, tel qu'il fonctionne depuis une vingtaine d'années, c'est-à-dire depuis son adoption générale en Angleterre, aux États-Unis, en France et dans les autres États qui marchent à la tête de la civilisation.

Le fil conducteur s'enroule autour de deux cylindres ou bobines en fer doux, formant un double électro-aimant. Les prolongements du fil lui-même communiquent avec les deux pôles d'une pile placée à une distance quelconque. Un peu au-dessus des bases supérieures des cylindres et parallèlement à ces bases se trouve un disque en fer muni à son centre d'une tige qui supporte un ressort d'acier. Supposons maintenant que le courant galvanique s'établisse : les deux cylindres, transformés tout à coup en double aimant, attireront le disque, qui viendra s'appliquer contre leur face plane. Si, dans le moment d'après, le courant cesse de circuler, le disque cessera en même temps d'être attiré, et, obéissant alors au ressort auquel il est fixé, reprendra sa position première. De là un mouvement de va-et-vient indéfiniment reproductible, et qu'on peut de vingt façons utiliser pour l'exécution des signaux.

Il en était de ce mécanisme comme de toutes les grandes choses, fort simples en apparence, mais pour cela même très-difficiles à trouver. Un grand nombre de savants, et des plus experts, s'ingénièrent à imaginer une combinaison pour la transmission du langage au moyen des courants galvaniques et des électro-aimants ; mais la plupart se consumèrent en vains efforts, ou n'inventèrent que des systèmes impraticables. Deux seulement, et leurs noms resteront immortels, parvinrent à une solution satisfaisante, et cela presque simultanément, l'un aux États-Unis, l'autre en Angleterre ; si bien que la question de priorité reste encore pendante entre les deux. L'Américain est M. Samuel Morse ; l'Anglais est M. Charles Wheatstone.

M. Morse n'a pas craint de préciser le jour, le lieu et presque l'heure où l'idée de la télégraphie électrique a commencé de se former dans son esprit.

C'était, dit-il, le 10 octobre 1832, à bord du steamer *le Sully*, commandé par le capitaine William Pell. La conversation entre les passagers roulait sur l'électricité et sur les applications qu'on en pourrait faire. On parlait surtout de la vitesse prodigieuse avec laquelle elle franchit l'espace. M. Morse songea alors qu'il ne serait point difficile d'imaginer un système de signaux qui serait mis en jeu par le courant voltaïque, communiquant au fer la propriété attractive de l'aimant. A partir du moment où cette pensée jaillit de son cerveau, le savant américain cessa tout à coup de prendre part à la conversation ; il demeura silencieux et solitaire pendant le reste de la traversée, comme un homme qui mûrit un projet gigantesque. Seulement, lorsqu'en débarquant il se sépara du capitaine William Pell, il lui serra fortement la main et lui dit avec une certaine exaltation :

« Lorsque mon télégraphe électrique sera devenu la merveille du monde, souvenez-vous qu'il a été inventé à votre bord par Samuel Morse, professeur à l'université de New-York :

Cinq ans plus tard (le 2 septembre 1837), il exécutait, sur une étendue de 12 kilomètres, en présence d'une commission mixte du congrès des États-Unis et de l'Académie des sciences de Philadelphie, des expériences dont le résultat ne pouvait laisser aucun doute sur l'avenir de cette belle invention. Six années s'écoulèrent encore néanmoins avant que le projet de M. Morse fût pris en sérieuse considération. Enfin, au mois de mars 1843, le congrès vota une somme de trente mille dollars pour subvenir aux frais d'installation d'un télégraphe d'essai, qui fût bientôt après adopté comme définitif. On évalue aujourd'hui la longueur totale du réseau télégraphique qui embrasse les États-Unis à quelque chose comme 49,000 kilomètres.

M. Wheatstone, qui a créé, de son côté, la télégraphie électrique en Angleterre, sans avoir eu connaissance des travaux de M. Morse, se montre beaucoup moins précis que ce dernier dans ses affirmations. Il croit cependant se rappeler qu'il fut conduit à l'invention de son système par les expériences qu'il fit en 1834 sur la vitesse de transmission du fluide électrique. Ce qu'il y a de certain, c'est que la première application en fut faite en 1838, sur le chemin de fer de Londres à Liverpool.

Aux États-Unis, on fait encore usage du télégraphe écrivant de M. Morse, qui a été adopté également en France après l'abandon de celui où MM. Foy et Bréguet avaient, par respect pour les inventions nationales, fait entrer bon gré mal gré une miniature de l'ancien télégraphe aérien de Chappe.

En Angleterre, ce sont, comme de juste, les appareils de M. Wheatstone qui ont eu la préférence. Ces appareils ont été récemment modifiés, on pourrait presque dire transformés par l'illustre physicien de Londres. Le nouveau système a reçu le nom de *télégraphe automatique imprimant*. On peut lui reprocher l'extrême délicatesse de son organisme, qui le rend sujet aux dérangements ; mais on ne peut s'empêcher d'admirer ses petites dimensions, la facilité de sa manœuvre, et surtout la rapidité et la précision de son fonctionnement. Il présente d'ailleurs d'immenses avantages. Il dégage les employés de toute responsabilité ; il permet d'en réduire le nombre, de les prendre dans la classe la plus infime, et par conséquent de ne leur donner qu'un salaire peu élevé. En effet, si ignorants et si peu intelligents que soient ces employés, ils sont aussi bien au fait de la manœuvre après quelques jours d'apprentissage que l'étaient auparavant, au bout de deux mois, les agents instruits et capables qu'on était obligé de choi-

sir. Point d'indiscrétion , point d'erreur à craindre. C'est
le télégraphe seul qui transmet automatiquement la dépê-
che d'un bout à l'autre de la ligne, sans que ceux qui le
mettent en jeu aient besoin de la comprendre, de la lire
même, et de s'inquiéter si elle est en anglais, en espagnol, en français ou en toute autre langue.

Ce système se compose de quatre appareils dont chacun
a, pour ainsi dire, son individualité propre, et pourrait
être adapté aux télégraphes dont on fait encore usage
ailleurs : en France, par exemple.

Le premier appareil, appelé *perforateur,* est destiné,
comme son nom l'indique, à percer, sur une bande de
papier déroulée par un mécanisme analogue à celui du
métier à la Jacquart, trois séries de trous dont la dimension, la disposition et l'espacement constituent un alpha-
bet de convention bien préférable, sous le rapport de
l'exactitude, aux points et aux lignes que trace le télégraphe écrivant de Morse, et dont la régularité imparfaite
donne souvent lieu à des erreurs et à des malentendus.

Le second appareil est le *transmetteur,* qui reçoit les
bandes de papier percées de trous par le premier, et
transmet les courants produits par une pile ou par tout
autre rhéomoteur, dans l'ordre déterminé par les trous.
Il n'exige qu'un seul fil télégraphique.

Le troisième est le *récepteur,* qui, à la station d'arrivée,
trace avec de l'encre, sur une bande de papier, des
marques ou points correspondant aux trous percés par le
perforateur à la station de départ. La progression de la
bande de papier est déterminée et réglée par un mécanisme semblable à celui des récepteurs des autres télégraphes imprimants.

Enfin le quatrième appareil, appelé *traducteur,* traduit
et imprime en caractères vulgaires, sur une troisième
bande de papier, les signes conventionnels formés par les
trous et les points des deux bandes précédentes. Il n'imprime pas moins de CINQUANTE LETTRES PAR MINUTE.

Ce n'est pas sans de grandes difficultés que la télégraphie électrique a été adoptée en France. Les fils conducteurs étaient déjà tendus, en Angleterre, le long de la plupart des rail-ways; aux États-Unis, ils traversaient les forêts et les savanes, que nous en étions encore aux discussions législatives et académiques, aux rapports de commissions, aux tâtonnements et aux hésitations. Nous possédons maintenant enfin un réseau complet, et, malgré le prix élevé des expéditions télégraphiques, les particuliers y ont assez volontiers recours dans les cas urgents. Mais nous sommes encore loin, sous ce rapport, des Anglais et surtout des Américains. En Angleterre et aux États-Unis, en effet, la télégraphie électrique n'est pas, comme en France, un monopole aux mains de l'État. Elle est abandonnée à l'industrie privée, et librement exploitée par les compagnies. Le seul privilége dont jouisse le gouvernement anglais est qu'on accorde, *par déférence*, à ses dépêches la priorité sur les dépêches des simples particuliers. Quant au gouvernement de l'Union, il s'est réservé l'usage d'un ou de deux fils sur chaque ligne, suivant son importance; il n'en a, du reste, ni limité le nombre, ni réglementé l'organisation et les tarifs. La concurrence a donc multiplié considérablement le nombre des lignes, en même temps qu'elle a réduit les prix au taux le plus modique.

Le télégraphe électrique est devenu ainsi en peu de temps aux États-Unis un moyen vulgaire de communication, dont on fait journellement usage, comme nous faisons ici de la petite poste. En France, le facteur de la poste vous apporte vos lettres chez vous et, si vous êtes absent, les laisse à votre concierge ou à votre domestique; pressées ou non, elles vous attendent et peuvent vous attendre longtemps. En Amérique, le facteur du télégraphe va vous chercher où vous êtes : au spectacle, au concert, à la bourse, pourvu que votre correspondant soit au fait de vos habitudes et de l'emploi de votre journée.

Tendre des fils télégraphiques sur les routes, dans les plaines, dans les montagnes, dans les forêts; les enfouir, au besoin, sous la terre, en les isolant au moyen de substances non conductrices; pouvoir, en quelques minutes, faire parvenir une nouvelle de Paris à Prague, d'Amsterdam à Naples ou à Madrid, de Douvres à Édimbourg, de Washington à la Nouvelle-Orléans, cela est beau sans doute, ou, pour parler le langage de nos jours, cela est commode et utile. Mais ce résultat, si grand, si inespéré qu'il fût, ne pouvait satisfaire l'ambition des novateurs, exaltée par le succès même. On se demanda bientôt pourquoi l'on ne ferait pas traverser au conducteur électrique convenablement isolé les bras de mer qui séparent les îles Britanniques, par exemple, du continent, et l'Europe de l'Afrique.

La possibilité rigoureuse de résoudre ce problème n'était pour personne l'objet d'un doute; toutefois la cherté des substances dont il était nécessaire d'envelopper le fil pour empêcher le fluide de se perdre dans la masse des eaux, et les dépenses énormes que devait occasionner l'installation d'un télégraphe sous-marin, faisaient encore reculer les plus hardis promoteurs d'un si séduisant projet, lorsque l'importation en Europe d'une substance nouvelle, éminemment isolante, ductile, malléable, et d'un prix peu élevé, vint fort à propos lever le plus sérieux obstacle. Cette substance, c'était la *gutta-percha* (1).

M. Walker, directeur des télégraphes de la compagnie du Sud-Est, songea le premier à utiliser la gutta-percha pour l'isolement des fils télégraphiques sous-marins. Sa position lui permettait heureusement de passer sans retard de la conception à l'exécution. Un premier essai, fait à Folkestone en janvier 1849 et couronné d'un plein succès, encouragea quelques spéculateurs de l'un et de l'autre côté du détroit à tenter l'établissement d'une commu-

(1) Voir la notice que nous avons consacrée à ce produit dans les *Variétés industrielles*, 1 vol. in-12, Tours, 1855, A^d Mame et Cie.

nication télégraphique entre la France et l'Angleterre.

On choisit pour points extrêmes de la ligne : Douvres en Angleterre, et le cap Grinez, près de Calais, en France. Un premier fil fut posé au mois d'août 1850. Il avait 45 kilomètres de long et était recouvert d'une couche de gutta - percha de 6 millimètres d'épaisseur. La partie (d'environ 300 mètres) qui ne plongeait pas dans la mer était renfermée dans un tube de plomb destiné à la protéger contre les frottements. Mais ce fil se rompit un beau jour, à peu de distance des côtes de France, et la compagnie, découragée, se mit en liquidation. C'était bien promptement abandonner la partie. Heureusement une autre société se forma presque aussitôt, sous le nom de *submarine telegrah Company*, au capital de deux millions cinq cent mille francs. Un nouvel appareil conducteur fut construit, qui présentait toutes les conditions désirables de souplesse, de solidité et d'imperméabilité. C'était un câble formé de quatre fils de cuivre renfermés chacun dans une gaine en gutta-percha, et tressés avec quatre cordes de chanvre imprégnées d'un mélange de suif et de goudron, le tout enroulé dans une autre corde également goudronnée, et serrée par des fils de fer galvanisés. Ce câble coûtait trois cent mille francs. L'opération de la pose commença le 25 septembre 1851 ; mais l'inauguration n'eut lieu que le 13 novembre suivant. Depuis lors la communication électrique entre la France et l'Angleterre n'a été interrompue que rarement, par des accidents qui ont été aussitôt réparés.

Bientôt après l'installation de ce premier télégraphe sous-marin, des câbles semblables furent établis successivement entre la Grande-Bretagne et l'Irlande, entre l'Angleterre, la Belgique et la Hollande, puis entre l'Italie et l'île de Corse, entre la Corse et la Sardaigne, etc. Il n'y a guère aujourd'hui, en Europe et en Amérique, de détroit séparant l'une de l'autre deux contrées civilisées et industrieuses qui ne soit traversé par un câble électrique.

La réussite des opérations, déjà si difficiles, que nous venons de rapporter, ne tarda pas à faire germer dans quelques esprits audacieux la pensée d'une entreprise plus grandiose et plus extraordinaire encore. Dès l'année 1854, l'idée de construire et de confier aux eaux de la mer un câble électrique qui traverserait l'océan Atlantique et relierait l'ancien continent au nouveau, avait pris dans le monde scientifique et industriel une certaine consistance.

En 1858, une compagnie anglo-américaine se trouvait en mesure de tenter l'établissement d'une communication télégraphique entre les îles Britanniques et les États-Unis, par la pointe septentrionale de l'Irlande et l'île de Terre-Neuve, c'est-à-dire par les points les plus rapprochés des deux hémisphères. Dans les premiers jours du mois d'août, le câble était construit et enroulé à bord des deux bâtiments l'*Agamemnon*, grand steamer anglais, et le *Niagara*, frégate américaine, dont chacun en portait la moitié. Ce câble, dont nous avons eu un tronçon entre les mains, était gros à peu près comme le pouce. Au centre se trouvait le fil conducteur, en cuivre rouge, enfermé dans une gaîne de gutta-percha. Celle-ci était recouverte elle-même de filasse goudronnée, puis d'une torsade de fils de fer galvanisés et goudronnés.

L'*Agamemnon* et le *Niagara* partirent le 10 août du port de Plymouth, accompagnés de deux autres navires à vapeur qui devaient leur venir en aide dans les opérations à exécuter. Ils devaient naviguer ensemble jusqu'à la moitié de la route, et là, après avoir soudé ensemble les deux moitiés du câble, se tourner le dos en le dévidant, pour se rendre, l'un à Valentia en Irlande, l'autre à Terre-Neuve. A peine au sortir du port, les quatre navires furent dispersés par une tempête contre laquelle ils eurent à lutter pendant neuf jours. Ils purent néanmoins se rencontrer le 26 au point convenu. Les deux bouts furent soudés, et ils se séparèrent, déroulant le câble avec toutes les précautions possibles. Mais à peine *le Niagara* eut-il fait une lieue que le câble se rompit. Les deux bâtiments se rejoignirent, ressoudèrent le fil et recommencèrent le dévidage. Ils avaient fait chacun une quinzaine de lieues lorsque le fil se rompit de nouveau. Ils revinrent encore l'un vers l'autre, une nouvelle soudure fut pratiquée et l'opération fut reprise. Cette fois ils parvinrent à dérouler cinquante-six lieues de câble, et tout semblait marcher à souhait, lorsqu'une troisième rupture eut lieu. Or il avait été convenu que dans le cas d'un troisième accident les navires ne reviendraient au point de jonction pour ressouder le câble, que si chacun d'eux n'était pas éloigné de ce point de plus de quarante lieues. Dans le cas contraire, la flottille entière devait regagner le port de Queenstown en Irlande. Ce dernier cas était celui ou se trouvait *le Niagara*, qui avait dévidé, pour sa part, cinquante lieues de câble. Il vira donc de bord et regagna Queenstown, ou *l'Agamemnon* s'était rendu de son côté.

Cette première et malheureuse tentative avait eu pour résultat la perte de cent quatre-vingt dix lieues de câble. La compagnie toutefois ne se découragea pas. Il lui restait encore assez de câble pour tenter un second essai, et, le 28 juillet, la flottille se trouva de nouveau réunie au milieu de l'Océan. Elle se composait, comme la première fois, du *Niagara* et de *l'Agamemnon*, chargés chacun d'une moitié du câble, du *Valorous* et du *Gorgon*, destinés à prêter assistance aux deux premiers. Le lendemain 29, la soudure était faite, et les navires se séparaient deux à deux pour regagner leurs stations respectives, qu'ils atteignirent sans accident grave : *l'Agamemnon* et *le Valorous*, le mercredi 4 août; et les deux frégates américaines, *Niagara* et *Gorgon*, le vendredi suivant. Quelques jours après, la communication télégraphique entre Washington et Londres fut inaugurée par un échange de messages entre la reine d'Angleterre et le président des États-Unis,

qui se félicitaient réciproquement de l'heureuse terminaison de cette grande entreprise (1).

C'était là, en effet, un de ces grands événéments qui
font époque dans l'histoire de la civilisation. Aussi l'admiration et la joie bien légitimes qu'il excita furent-ils
ressentis par quiconque avait à cœur le progrès des
sciences, la concorde des États, la grandeur et la prospérité des nations.

Aux États-Unis l'enthousiasme fut immense; il se tra-
duisit par une sorte d'ivresse générale. Ce ne fut pendant
plusieurs jours qu'illuminations, processions dans les
rues, salves d'artillerie, réjouissances de toutes sortes.

Cette allégresse, hélas! fut de courte durée. Dès les premiers jours de l'établissement de la ligne transatlantique,

(1) Voici le texte des deux messages :

La reine d'Angleterre au président des États-Unis.

« La reine désire féliciter le président de l'heureux achèvement de
cette grande entreprise internationale, à laquelle la reine a pris le plus
vif intérêt. La reine est convaincue que le président partagera la sin-
cère espérance que le câble électrique qui maintenant unit la Grande-
Bretagne aux États-Unis sera un lien de plus entre les deux nations,
dont l'amitié se fonde sur leurs communs intérêts et leur estime réciproque. La reine est charmée d'être ainsi en communication directe
avec le président, et de lui renouveler ses vœux les plus ardents pour
la prospérité des États-Unis. »

Le président à la reine.

« A S. M. Victoria, reine de la Grande-Bretagne.

« Le président félicite cordialement à son tour S. M. la reine du
succès de la grande entreprise nationale accomplie par le talent, la
science et l'indomptable énergie des deux pays. C'est un triomphe d'autant plus glorieux, qu'il est plus utile au genre humain que ceux qui
ont été jamais obtenus par des conquérants sur les champs de bataille.
Puisse, avec la bénédiction de Dieu, le télégraphe atlantique être à
jamais un lien de paix et d'amitié entre les deux nations sœurs! Puisse-
t-il être un instrument destiné par la divine providence à répandre par
tout le monde la religion, la civilisation, la justice et la liberté! Dans
ce but, toutes les nations de la chrétienté ne déclareront-elles pas
spontanément et d'un commun accord que le télégraphe électrique sera
neutre à jamais, et que, même au milieu des hostilités, il sera respecté
et regardé comme chose sacrée?

« *Signé :* JAMES BUCHANAN. »

la transmission des signaux avait éprouvé des irrégularités et une confusion qui s'aggravèrent rapidement, jusqu'à ce que les dépêches cessèrent tout à fait d'être transmises et le courant électrique de se faire sentir d'une extrémité à l'autre du câble. On se flatta d'abord que cette interruption était due à un accident qu'on pourrait réparer. Mais il fallut ensuite renoncer à cette illusion et reconnaître que le câble était hors d'état de fonctionner ; que le courant électrique se perdait dans l'Océan ; qu'enfin l'on s'était trompé ; qu'il fallait oublier, provisoirement du moins, les beaux rêves dont on s'était bercé, et que les sommes énormes englouties dans la mer n'avaient servi qu'à faire les frais d'une expérience de physique. Encore eut-on grand'peine à tirer de cette expérience l'enseignement qu'elle renfermait ; et les savants discutèrent longtemps sur la cause du phénomène, avant de convenir que l'énorme pression de la masse d'eau sous laquelle le câble était submergé, avait triomphé en quelques jours de l'imperméabilité des substances protectrices du fil métallique, et qu'il était nécessaire de recourir, pour isoler celui-ci, à quelque enveloppe capable d'opposer à l'infiltration de l'eau une résistance extrêmement énergique et persistante. Les physiciens démontrèrent en outre que l'armature en fil de fer dont on avait cru devoir revêtir le câble devenait le siége d'un contre-courant électro-magnétique (courant d'induction) qui avait dès le principe beaucoup contribué à jeter de la confusion dans les signaux.

On fabrique actuellement en Angleterre un autre câble télégraphique dont la construction permettra, on l'espère, d'éviter les deux graves inconvénients que nous venons de signaler. Premièrement on donne une plus grande épaisseur au tube de gutta-percha qui enveloppe le fil de cuivre ; et en second lieu l'on supprime l'armature de fil de fer, qu'on remplace par du filin de chanvre bien goudronné, substance moins altérable par l'eau salée que le fer, qui ne tarde pas à se détruire par l'effet des réactions chimiques. Le nouveau câble transatlantique est donc beaucoup plus léger, plus imperméable, plus souple et aussi solide que le précédent, et, la suppression des fils de fer faisant disparaître, au moins en grande partie, le phénomène d'induction, la vitesse et l'intégrité des communications en seront mieux assurées.

On a proposé récemment de substituer à la gutta-percha le caoutchouc ou un mélange de caoutchouc et de gomme laque (glu marine), ces substances étant, assure-t-on, moins sujettes que la gutta-percha à s'infiltrer d'eau sous une forte pression.

Quoi qu'il en soit, les partisans de la télégraphie sous-marine ne doivent point perdre courage. Le problème est résolu en principe. Les difficultés qui ont fait une première fois avorter l'entreprise sont de celles dont la science est accoutumée à triompher; la défaite subie en 1858 est une partie perdue; à bientôt la revanche!

CHAPITRE XV

Effets chimiques du courant voltaïque. — Origine de la galvanoplastie. Spencer et Jacobi. — La nouvelle pierre philosophale. — Ancien procédé de dorure. — Tentatives pour appliquer la galvanoplastie à la dorure et à l'argenture. — M. de la Rive. — M. de Ruolz. — Sa jeunesse. — Deux opéras. — M. de Ruolz abandonne l'art musical pour la chimie industrielle. — Découverte de la dorure galvanique. — M. Christofle et M. Elkington. — Perfectionnements et applications nouvelles de la galvanoplastie. — Fonderie galvanique. — Électrotypie. — Applications de la galvanoplastie à la gravure. — La lumière électrique. — Humphry Davy. — M. Léon Foucault. — Régulateurs de lumière électrique. — Avenir de l'éclairage électrique. — Conclusion.

La galvanoplastie est, après la télégraphie électrique, la plus importante des conséquences pratiques que la science et l'industrie combinées ont su tirer des belles découvertes de Galvani et de Volta.

Avant d'esquisser l'histoire de cette ingénieuse invention, il convient de rappeler le phénomène électro-chimique sur lequel elle repose.

Lorsqu'on fait passer le courant voltaïque dans de l'eau tenant en dissolution un sel métallique, l'eau et le sel sont en même temps décomposés : l'oxygène de la première et l'acide du second se portent au pôle positif, tandis que l'hydrogène et l'oxyde se rendent au pôle négatif, et si cet oxyde est facilement réductible, son oxygène se combine avec l'hydrogène devenu libre, pour régénérer de l'eau, et le métal se dépose à l'état de pureté sur le fil conducteur ou sur tout corps également conducteur qu'on a pu y attacher.

Deux physiciens-chimistes, Th. Spencer à Londres et Jacobi en Russie, songèrent simultanément, en 1837, à tirer parti de ce phénomène. Ils avaient remarqué, chacun de són côté, que le cuivre, précipité par le courant galvanique sur une lame de platine, en reproduisait exactement les plus petites irrégularités. Tous deux s'avisèrent alors de substituer à la lame de platine des médailles, des pièces de monnaie et d'autres objets analogues, et ils eurent la satisfaction d'obtenir ainsi des contre-épreuves où tous les reliefs de ces objets se répétaient en creux, et réciproquement tous les creux en relief. Ils reconnurent ensuite que presque tous les corps pouvaient recevoir également le dépôt métallique, pourvu qu'ils ne fussent pas attaqués par la dissolution saline, et qu'on eût soin de les rendre conducteurs de l'électricité, en les enduisant d'une légère couche d'une substance conductrice, la plombagine ou mine de plomb, par exemple. Cette observation permit de compléter le procédé en se servant d'une matière plastique, telle que le plâtre, la cire, la gutta-percha, etc., pour obtenir à l'aide de la première épreuve un nouveau moule sur lequel on précipitait une couche de cuivre qui devenait la reproduction identique du modèle primitif.

Jusque-là les applications de la galvanoplostie étaient

assez restreintes. Il fallait pour qu'elles pussent s'étendre
et se multiplier que la chimie parvînt à substituer à volonté au bain de sulfate de cuivre, le premier qu'on eût
employé, des liquides tenant en dissolution d'autres métaux, notamment des métaux précieux, et à revêtir d'une
couche régulière de ces métaux des objets de toute espèce,
de toutes formes et de toutes dimensions. Chacun compre-
nait l'importance d'une découverte de ce genre, et l'on se mit
à l'œuvre avec ardeur pour la réaliser. L'accomplissement
du *grand œuvre* des anciens alchimistes se présentait de
nouveau à l'émulation des expérimentateurs. Le problème
consistait toujours à transformer les *métaux vils* en *métaux nobles;* il s'agissait, après avoir plongé quelques
instants dans le bain galvanique un objet en étain, en
fer ou en laiton, de retirer le même objet en or ou en
argent — à la surface seulement, il vrai; mais qu'importe! Pour les yeux, pour le toucher, pour l'usage même,
jusqu'à un certain point, le résultat était le même; car en
fait d'objets de luxe l'apparence est tout, ou peu s'en faut.
Pour l'heureux inventeur aussi c'était une fortune faite
qu'un procédé propre à obtenir cette métamorphose, et
une fortune honnêtement acquise, sans fourberie, sans
sortilége, au grand jour de la science et au grand avantage
de la civilisation et de l'humanité.

On sait quel métier insalubre et meurtrier était, il y a
une vingtaine d'années, celui de doreur sur métaux. Le
seul procédé que l'on connût consistait à préparer un
amalgame d'or (1) qu'on étendait sur la pièce à dorer.
On exposait ensuite celle-ci à la chaleur, le mercure se
vaporisait et l'or restait seul en une couche qu'on n'avait
plus qu'à polir au brunissoir. La manipulation du mercure liquide et la présence continuelle, dans l'atmosphère
des ateliers, d'une quantité plus ou moins grande de
vapeurs de ce métal étaient pour les malheureux ouvriers

_____

(1) On appelle en chimie *amalgames* tous les alliages dans lesquels
entre le mercure.

une cause inévitable d'empoisonnement. Leur santé s'altérait en peu de temps ; presque tous étaient atteints de la maladie connue sous le nom de tremblement mercuriel, et un grand nombre succombaient au bout de quelques années.

Les savants, les économistes, les philanthropes avaient longtemps cherché, mais en vain, quelque moyen de faire disparaître ou d'atténuer au moins l'insalubrité de ce travail. En 1816, M. Ravrio, fabricant de bronzes, avait fondé dans ce but un prix de trois mille francs, qui fut décerné au chimiste d'Arcet, pour l'invention d'une cheminée de formes et de dimensions particulières, qui, en activant le tirage, entraînait au dehors les vapeurs mercurielles. Mais ce n'était là qu'un palliatif insuffisant, et, de quelque façon qu'on s'y prît, il était bien évident que la dorure resterait une industrie malsaine tant qu'il y faudrait employer un corps aussi vénéneux que le mercure. La découverte de la galvanoplastie vint heureusement ouvrir aux recherches des chimistes une voie nouvelle vers le but inutilement poursuivi depuis tant d'années.

Cependant les résultats obtenus jusqu'en 1840 laissaient fort à désirer. Le chimiste qui, à cette époque, s'était le plus approché de la solution proposée, était M. de la Rive. Ce savant, dont les travaux ont puissamment contribué d'ailleurs aux progrès de l'électrologie, était parvenu en 1825 à dorer le platine ; quinze ans plus tard, il réussit aussi à dorer le laiton, l'argent, le cuivre ; mais la composition du bain métallique était telle, que l'objet à dorer s'y détériorait sensiblement, et qu'il fallait recommencer plusieurs fois l'opération pour obtenir à grand'peine une couche d'or insuffisamment épaisse et résistante.

Le procédé, en somme, fort intéressant au point de vue scientifique, était sans valeur pour l'industrie. Les choses en étaient là, lorsqu'en 1841 une voix jusqu'alors in-

connue dans la science prononça le mot d'Archimède :
Εὔρηκα. Le problème était résolu en effet de la manière la
plus complète, et cet événement fut proclamé avec une
sorte de solennité à l'Académie des sciences par M. Dumas,
dans un rapport qui consacrait le mérite de l'inventeur
par l'autorité d'un jugement respectable et d'une parole
éloquente.

Pour faire connaître l'auteur aujourd'hui célèbre de
cette précieuse découverte, il convient de revenir de
quelques années en arrière.

Nous sommes à Naples, le 19 novembre 1835. La foule
se presse le soir au grand théâtre San-Carlo pour assister
à la première représentation d'un opéra nouveau intitulé
Lara. L'affiche porte des noms déjà chers aux *dilettanti* :
ceux de Duprez, de Ronconi, de Mlle Tachinardi (plus tard
Mme Persiani). Quant à l'auteur, son nom ne doit être
prononcé qu'à la chute du rideau; mais on se dit déjà
que c'est un jeune Français appartenant à une famille
noble et riche, et qui, redoutant les lenteurs d'un début
dans son pays, est venu offrir au public napolitain la première production de son génie musical.

La salle est pleine; l'œuvre, exécutée avec un ensemble
parfait par des artistes du premier ordre, s'achève au
milieu des applaudissements unanimes du public, qui de
ses mille voix appelle l'auteur. Selon l'usage des théâtres
italiens, Duprez amène par la main sur la scène le jeune
compositeur, et prononce enfin un nom qu'accueillent
d'enthousiastes acclamations. Ce nom est celui de M. le
comte Henri de Ruolz.

Après ce succès qui lui présageait un brillant avenir,
M. de Ruolz alla parcourir la Sicile, pour se reposer des
émotions et des fatigues inséparables d'un pareil début, et
chercher au pied du mont Etna de nouvelles inspirations.
Il se proposait de retourner ensuite à Paris, où il se pré-
senterait maintenant, non plus en écolier timide, mais
avec le titre de *maestro* que venait de lui décerner le pu-

blic le plus connaisseur et le plus difficile de l'Europe. Hélas! un coup terrible l'attendait à son retour à Naples; une lettre qu'il trouva sur son bureau lui annonçait la ruine de sa famille. Son talent, auquel la veille il ne comptait demander que la gloire, devait désormais le faire vivre. Jeune, admirablement doué, pourvu d'une instruction étendue et solide, ayant étudié le droit et la médecine, il ne se laissa point abattre par l'adversité, et revint à Paris décidé à persévérer dans une carrière où il était entré sous de si heureux auspices.

Sa renommée déjà l'avait précédé. Aussi fut-il reçu comme un enfant gâté dans le monde aristocratique et intelligent auquel il appartenait. Quelques épaves sauvées du désastre lui permettaient encore d'y faire bonne figure, et il comptait sur son travail pour se relever. Bientôt un nouvel ouvrage, *la Vendetta*, accepté par la Direction de l'Opéra, fut représenté avec un plein succès. Mais l'auteur comprit alors que si la profession de compositeur était de nature à lui procurer de vives satisfactions d'amour-propre, et à le poser parfaitement dans le monde, elle était décidément, dans ses débuts du moins, plus dispendieuse que lucrative. Une fois pénétré de cette vérité, il n'hésita pas à renoncer aux beaux rêves de sa jeunesse et à se tourner vers un genre de travail moins brillant, moins séduisant, mais qui lui paraissait beaucoup plus propre à le conduire, sinon à la fortune, au moins à l'aisance et à la sécurité. Il abandonna l'art des Mozart et des Rossini pour la science des Thénard et des Gay-Lussac, qu'il avait étudiée naguère et qu'il considérait, non sans raison, comme la plus féconde en applications utiles et lucratives.

Il devint ainsi, sans transition, de compositeur de musique, manipulateur de chimie industrielle.

La couleur violette était alors à la mode. Ayant trouvé un moyen de l'appliquer avec économie et solidité sur les tissus, il traita, pour la mise en œuvre de cette découverte, avec un M. Chappée, teinturier. Un beau-frère de

M. Chappée, joaillier au Palais-Royal, vint un jour trouver M. de Ruolz dans son laboratoire, et lui remit divers objets en filigrane de cuivre, en lui demandant s'il ne connaissait pas un procédé de dorure applicable à ces ouvrages, qui ne pouvaient être dorés au mercure. M. de Ruolz ayant répondu qu'il n'en existait pas :

« Eh bien, reprit le joaillier, vous devriez en chercher un : si vous le trouviez, il y aurait là pour vous de l'argent à gagner. »

En méditant ce conseil, M. de Ruolz arriva à cette conclusion, que la découverte d'un nouveau procédé de dorure économique, inoffensif, d'une pratique prompte et facile, serait une excellente affaire, et, ce qui est mieux, une œuvre utile à l'humanité. Il lui sembla en outre que, grâce aux moyens d'action que fournissait l'électricité galvanique, ce procédé ne serait ni impossible, ni même très-difficile à trouver. Ayant fait ces réflexions, et mûrement étudié les données du problème à résoudre, il se mit à l'œuvre avec la promptitude de résolution et l'énergique persévérance dont il avait déjà donné antérieurement des preuves non douteuses. Après une année de patientes recherches et de laborieuses expériences, dans lesquelles il essaya successivement et de mille manières d'innombrables combinaisons, M. de Ruolz eut enfin le bonheur de trouver, non-seulement le moyen de dorer à peu de frais, très-rapidement et très-solidement une pièce de métal quelconque, mais encore d'obtenir à volonté le dépôt de chaque métal et de plusieurs alliages sur toute la série des autres métaux.

Il lut à l'Académie des sciences, le 9 août 1841, un mémoire très-étendu dans lequel il exposait sa découverte, et qui fut écouté par la docte assemblée avec une avide attention. Le 29 novembre suivant, ce mémoire fut, de la part de M. Dumas, l'objet du rapport dont nous avons parlé plus haut. Ce rapport fit infiniment plus pour la renommée de M. Ruolz que n'avaient fait ses deux opéras. En quelques jours, son nom fut dans toutes les bouches, et nul ne douta que sa fortune ne fût assurée. Mais M. de Ruolz n'avait point les capitaux nécessaires pour exploiter lui-même son procédé. Il se résigna donc à en céder la propriété, moyennant une part de moitié dans les bénéfices à venir, à un industriel aujourd'hui très-riche et très-célèbre, à M. Christofle.

Or, au moment où tout était prêt pour commencer les opérations, M. Christofle reçut l'avis que la méthode de dorure et d'argenture galvaniques appartenait déjà, en vertu d'un brevet authentique en date du 27 septembre 1840 à M. Elkington, industriel anglais, acquéreur d'un procédé découvert l'année précédente par un chimiste nommé M. Wright. Ce procédé était à peu près le même que celui de notre compatriote; M. Elkington avait en outre acquis de M. Wrigth un autre procédé de dorure chimique *au trempé*, sans le secours de la pile, qu'il exploitait en Angleterre depuis quatre ans. M. Christofle, on le comprend, n'était pas disposé à renoncer sans résistance aux profits que lui assurait son marché avec M. de Ruolz; un procès fut sur le point d'éclater. Heureusement les deux adversaires se souvinrent de l'apologue de *l'Huître et les Plaideurs;* tout bien considéré, au lieu de plaider l'un contre l'autre, ils prirent le sage parti de s'entendre, et le brevet de M. Elkington fut acheté, comme celui de M. de Ruolz, par M. Christofle, dont la fabrique est encore aujourd'hui une des plus importantes de Paris.

Depuis quelques années, les procédés de dorure et d'argenture par la pile sont tombés dans le domaine public par suite de l'expiration des brevets, et un grand nombre d'industriels se sont mis à les exploiter concurremment. Plusieurs les ont modifiés et perfectionnés, et cette industrie est parvenue aujourd'hui à un développement immense, qui a fait abandonner tous les autres procédés d'argenture et de dorure.

En 1842, l'Académie des sciences partagea entre MM. de la Rive, Elkington et Ruolz le prix de quinze mille francs fondé par Monthyon pour l'assainissement des arts insalubres.

Les autres applications de la galvanoplastie ont suivi une marche encore plus envahissante; car non-seulement elles se sont substituées universellement à tous les procédés de cuivrage, de zingage, d'étamage même, anciennement employés, mais elles se sont introduites aussi dans les opérations qui exigeaient naguère le travail du fondeur, du graveur, du ciseleur.

Un jour viendra, et ce jour n'est peut-être pas bien éloigné, où la fonderie proprement dite, c'est-à-dire la fonderie à chaud, *par la voie sèche*, comme on dit en chimie, sera remplacée par la fonderie galvanique, à froid et *par la voie humide*. C'est déjà ce qui a lieu pour les médaillons, les pièces d'ornementation, les bas-reliefs, et pour les groupes et les statuettes en zinc, en cuivre, en argent, et même en bronze et en laiton. En faisant usage de grandes cuves, de piles puissantes, et en divisant les moules en un certain nombre de pièces qu'il est facile de souder ensuite, on peut également couler des statues et des pièces monumentales. Déjà l'expérience a prouvé que les grandes dimensions des objets à revêtir d'une couche métallique n'étaient point un obstacle sérieux à l'exécution de ce genre de travail. On sait que la belle fontaine de la place Louvois à Paris a été récemment bronzée par le procédé galvanique. On songe actuellement à appliquer le même procédé au revêtement extérieur de la carène des navires, et, grâce aux ressources dont elle dispose, l'industrie semble disposée à ne point reculer devant cette entreprise, plus effrayante en apparence qu'en réalité.

Pour le moulage des œuvres de la sculpture, l'opération ne présente pas des difficultés plus sérieuses, et elle offre, au point de vue de la perfection du travail, de l'économie et de la sécurité, des avantages incontestables sur le moulage par fusion.

En effet, le coulage à chaud des statues et des autres grands ouvrages est un travail formidable. Le métal est fondu dans un haut fourneau, d'où il s'échappe à l'état de lave incandescente pour s'engouffrer dans un moule en sable enfoui sous le sol, et disposé avec des précautions dont l'oubli entraînerait les plus funestes conséquences. La dépense de combustible est considérable ; le déchet que le métal éprouve par l'effet de la fusion à une haute température, l'énorme quantité qu'il en faut employer pour remplir le moule, les travaux qu'exige ce dernier pour être convenablement et solidement établi dans sa loge souterraine, le grand nombre d'ouvriers exercés qui prennent part au travail, les pertes qui résultent souvent de tel ou tel accident qu'on n'a pu prévenir, tout cela constitue une somme de dépenses, de risques et de périls que le moulage galvanoplastique fait disparaître ou atténue singulièrement. Et d'abord, point de combustible, point d'explosions, point de déchet, point d'accidents. En outre, économie *facultative* sur la quantité de métal, puisqu'en prolongeant plus ou moins l'opération, l'on peut donner à la couche de métal telle épaisseur que l'on veut ; enfin point de *pailles*, point de bulles d'air ni de défauts : les pièces sortent du bain parfaitement nettes, homogènes, compactes et polies. Il ne reste plus qu'à les ajuster, à les monter et à les souder ensemble, pour obtenir une copie irréprochable de l'œuvre de l'artiste.

La *fonderie galvanique* (qu'on nous permette cette expression) rend aujourd'hui de grands services à la typographie, notamment pour l'exécution des matrices compliquées, et pour celle des clichés de toute espèce. Ces services sont tellement importants, que M. Aüer, directeur de l'imprimerie impériale de Vienne, déclarait naguère que, selon lui, la galvanoplastie était la découverte la plus précieuse dont la typographie se fût enrichie depuis Gutenberg.

La galvanoplastie, considérée dans ses applications à l'art de la gravure, ne présente pas un moindre intérêt. Elle permet d'obtenir en quelques heures des reproductions exactes de planches de cuivre ou d'acier gravées au burin. Pour cela, on tire avec de la gélatine ou toute autre matière plastique une contre-épreuve qu'on rend conductrice à l'aide d'une légère couche de plombagine, et qu'on plonge dans le bain de sel de cuivre, en la faisant communiquer avec le pôle négatif de la pile; on peut aussi, et ce moyen est préférable, plonger la planche même dans le bain, après l'avoir recouverte d'un enduit préservateur. On en a ainsi une contre-épreuve en relief, sur laquelle on moule ensuite la copie en creux de la planche primitive. Les planches métalliques gravées s'usent rapidement, on le sait, par le tirage, et ne donnent plus à la fin que des épreuves pâles, effacées et sans valeur. La galvanoplastie permet, comme on vient de le voir, de remédier à cet inconvénient et d'éterniser, pour ainsi dire, par le moulage électrique, les chefs-d'œuvre de la gravure.

On se sert aussi de ce procédé pour se procurer des planches unies en cuivre chimiquement pur, destinées à être gravées, et bien préférables à celles qu'on fabrique ordinairement par le laminage et le planage avec le cuivre du commerce. Ce dernier contient toujours en effet, à l'état d'alliage, de petites quantités de métaux étrangers qui nuisent à la perfection du travail.

En dessinant sur une planche de métal avec une encre particulière qui y laisse des traits en relief, et en immergeant cette plaque dans le bain de sulfate de cuivre, en communication avec le pôle négatif de la pile, on a une planche qui reproduit en creux les reliefs du modèle, et qui peut servir au tirage comme une planche gravée au burin ou à l'eau-forte.

En'opérant d'une manière à peu près semblable avec des plaques de verre enduites d'un vernis noir, sur lequel on a dessiné à la pointe comme pour la gravure à l'eau-forte, un ingénieux inventeur, M. Beslay, est parvenu à obtenir des clichés en cuivre imitant tous les genres de gravure.

Enfin M. Smée a réussi à graver directement, à l'aide du courant galvanique, en substituant à l'action de l'eau-forte dont on se sert communément, celle de l'acide sul-furique séparé du sulfate de cuivre par l'action décompo-sante de la pile. Dans ce cas la planche étant gravée à la pointe et recouverte de vernis sur ses deux faces, on la place dans le bain, non plus au pôle négatif, mais au pôle positif, et l'on met en communication avec le pôle négatif une plaque de même dimension. Celle-ci reçoit le dépôt de cuivre, tandis que l'oxygène et l'acide sulfurique, se portant sur la première, attaquent et creusent les par-ties mises à nu par la pointe. Cette manière de graver offre peu d'avantages sur l'ancienne dans les cas ordi-naires, et ne paraît pas destinée à se vulgariser ; mais elle a été le point de départ de véritables tours de force scien-tifiques, consistant, par exemple, à graver galvanique-ment des plaques daguerriennes en se servant d'un bain composé de telle sorte, que l'acide mis en liberté respectât l'argent en attaquant le mercure (1). Sur l'épreuve d'une planche ainsi obtenue, on peut écrire avec une légitime fierté : *Dessinée par le soleil et gravée par l'électricité.*

Ce n'était pas assez pour la science de s'être rendue maîtresse du feu du ciel au moyen des paratonnerres ; d'a-voir appris à reproduire à son gré la plupart des circon-stances du terrible phénomène ; d'avoir trouvé dans la pile un appareil d'où le fluide électrique s'échappe en un jet continu que la main de l'homme provoque et arrête, ac-tive et ralentit, dirige et utilise de mille manières; d'avoir,

_____

(1) L'acide chlorydrique faible a cette propriété.

par la combinaison du fluide électrique avec le fluide ma-
gnétique, donné naissance à l'agent mécanique et physiologique dont nous avons signalé les effets si variés et si
puissants; d'avoir, en un mot, appliqué la force électrique
à l'accomplissement de tant de merveilles qui sans elle
fussent demeurées à jamais des chimères dont l'imagination la plus ardente eût à peine osé concevoir la pensée;
il fallait encore s'emparer de la lumière même de la
foudre, de cette lumière éblouissante dont l'éclat est pro-
verbial, et ne peut être comparé qu'à celui du soleil; il
fallait, d'instantanée et de redoutable qu'elle se montre
dans les phénomènes naturels, la rendre à la fois durable
et inoffensive; il fallait construire une lampe dont la
flamme fût alimentée par le feu du ciel. Et ce prodige
s'est accompli comme les autres.

L'illustre Humphry Davy reconnut le premier, au commencement de ce siècle, que si l'on termine les deux élec-
trodes (fils conducteurs) d'une pile énergique par des
cônes de charbon, ces deux cônes sont aussitôt portés au
rouge-blanc, et le courant qui les traverse détermine entre
eux un arc lumineux d'un éclat extraordinaire. La même
chose a lieu, soit que les charbons soient exposés au contact de l'air, ou qu'on les enferme dans un globe de verre
dont l'air ait été extrait à l'aide de la machine pneumatique. Dans le premier cas ils se consument rapidement,
et l'expérience ne peut durer que quelques secondes; dans
le second cas il y a seulement transport des molécules
charbonneuses d'un pôle à l'autre, et le phénomène se
prolonge jusqu'à ce qu'un des deux cônes soit entièrement détruit. Mais ce n'est encore que l'affaire de quelques
instants. En outre les piles dont on se servait au temps
de Davy ne pouvaient donner, pendant longtemps, un
courant assez énergique, ce qui, quand même le premier
obstacle eût pu être surmonté, eût encore limité la durée
du phénomène. Aussi s'est-il écoulé plusieurs années sans
qu'on songeât à chercher dans la lumière électrique un

moyen d'éclairage susceptible d'application. On se bornait à répéter dans les cours de physique l'expérience de Davy, au même titre que celles de Franklin, de Galvani, de Volta et des autres électriciens.

Mais de nos jours la science s'est faite utilitaire ; les plus belles théories n'ont de valeur à ses yeux qu'autant qu'elles sont la source de quelque amélioration dans les procédés de l'art ou de l'industrie, et elle se préoccupe au moins autant de tirer parti de ses découvertes que d'en accomplir de nouvelles. Les modifications apportées par Grove et par Bunsen dans la construction de la pile firent d'abord disparaître une des deux difficultés que nous venons de signaler. La pile de Bunsen, notamment, qui parut en 1843, et dans laquelle le cuivre de l'ancien couple voltaïque est remplacé par un cylindre de *charbon de cornue* (1), fournit un courant continu et susceptible d'une grande puissance. En 1844, un de nos physiciens les plus distingués, M. Léon Foucault, eut l'idée non-seulement d'appliquer la pile de Bunsen à la production de la lumière électrique, mais encore de substituer aux cônes en charbon de bois, dont on s'était servi depuis Davy, des cônes taillés dans ce même charbon de cornue, auquel Bunsen avait emprunté un des éléments de sa pile. Grâce à l'incombustibilité et à la densité de cette substance, il put exécuter l'expérience à l'air libre et la continuer sans interruption sensible pendant un temps assez long. Il devint dès lors possible d'employer la lumière électrique à l'éclairage, et M. Foucault en fit le premier une importante application : il s'en servit pour remplacer celle du soleil dans le microscope solaire. A la fin de la même année 1844, un habile constructeur d'instruments de

---

(1) On nomme ainsi un charbon très-dur, presque incombustible et très-inaltérable, analogue au graphite, et qu'on recueille dans les cornues qui ont servi pendant un certain temps à la distillation de la houille pour la fabrication du gaz d'éclairage. On fait aujourd'hui grand usage de ce charbon pour la construction des piles.

physique, M. Deleuil, fit l'essai de la lumière électrique
pour l'éclairage public; mais cet essai, souvent renouvelé
depuis, n'a jamais eu lieu sur une assez grande échelle ni
dans des conditions assez favorables pour devenir le point
de départ d'une application sérieuse et générale. On a cependant eu recours plusieurs fois à la lumière électrique,
pour continuer la nuit des travaux qui ne pouvaient auparavant se poursuivre que pendant le jour : notamment
ceux du palais de l'Industrie et de quelques-uns des nouveaux ponts de Paris.

Le problème, en effet, n'était pas encore résolu, et nous
n'oserions affirmer qu'il le soit aujourd'hui d'une manière
complète, bien que les belles expériences faites dans ces
derniers temps en aient singulièrement amoindri les principales difficultés. Ces difficultés résidaient surtout dans
les fréquentes intermittences et dans les variations d'intensité dues au raccourcissement des cônes de charbon,
qui, quoique brûlant très-lentement, éprouvent cependant
au bout de quelques minutes une diminution sensible. Il
arrive donc un moment où la distance entre eux est telle,
que l'arc lumineux s'affaiblit, puis disparaît par suite de
l'interruption du courant. On s'était borné, dans le principe, à munir l'appareil de deux vis qu'on manœuvrait à
la main, pour rapprocher les cônes l'un de l'autre lorsqu'ils étaient trop éloignés. Mais c'était là un moyen
grossier, incommode et insuffisant, dont on ne pouvait se
contenter. C'est encore à M. Léon Foucault que revient
l'honneur d'avoir le premier disposé l'appareil de telle
sorte, que le courant électrique fût chargé de maintenir
lui-même les baguettes de charbon à une distance convenable l'une de l'autre. On devine que M. Foucault faisait intervenir dans ce *régulateur* la force mécanique d'un
électro-aimant. Après lui plusieurs physiciens, mettant à
profit la même force, ont construit des régulateurs qui
permettent de maintenir l'arc lumineux sans intermit-
tence et avec une intensité constante jusqu'à la consom-

mation presque intégrale des deux baguettes de charbon. Un de ces physiciens, M. Serrin, a eu l'heureuse idée d'adapter à une même batterie voltaïque deux lampes, dont chacune est mise à son tour en communication avec le fil conducteur, en sorte qu'on peut renouveler les charbons à mesure qu'ils s'usent, sans que l'éclairage soit interrompu.

La lumière électrique appliquée à l'éclairage des phares et aux signaux maritimes rendrait à la navigation d'immenses services. Appliquée à l'éclairage des villes, elle aurait sur le gaz le mieux épuré des avantages tellement incomparables et tellement évidents, qu'à peine est-il besoin de les signaler : point de canaux souterrains, point de mauvaise odeur, point d'explosions; enfin une intensité telle, que, pour une ville comme Paris, par exemple, une demi-douzaine de foyers bien distribués et placés à une hauteur convenable suffiraient, sinon à remplacer la lumière du soleil, au moins à réaliser une sorte de clair de lune perpétuel.

Le moment n'est peut-être pas très-éloigné où, contemplant au-dessus de nos têtes ces astres nouveaux allumés par nos mains, nous ne songerons plus qu'en souriant de pitié à ces pauvres becs de gaz qui nous apparurent, il y a trente ans, comme de brillantes étoiles, et pour lesquels nous aurons le même dédain superbe que nous inspirent maintenant les lanternes fumeuses et rougeâtres dont se contentaient nos pères.

Tout le monde sait l'ingénieuse allégorie de Prométhée dérobant le feu du ciel pour animer une femme qui devint ensuite la cause de tous les maux auxquels l'humanité est en proie. La science est le moderne Prométhée ; mais elle accomplit, pour ainsi dire, en sens inverse le mythe conçu par l'imagination des anciens poëtes. Elle n'a point dérobé le feu du ciel; elle l'a conquis et dompté ouvertement, courageusement, patiemment, sous l'œil et sous la protection de Dieu ; et, tandis

que la Pandore de la fable avait déchaîné sur le monde
une légion de fléaux, la Pandore moderne, fidèle aux
promesses de son nom (1), ne manifeste sa puissance
qu'en multipliant à la fois les prodiges et les bienfaits.

(1) Πᾶν tout, δῶρον présent.

FIN

Tours. — Impr. MAME.

www.ingramcontent.com/pod-product-compliance
Lightning Source LLC
Chambersburg PA
CBHW071651200326
41519CB00012BA/2484